◎ 互联网＋数字艺术研究院 策划
◎ 牟春花 李星 编著

U0276645

中文版 **Photoshop CS6**

从新手到高手 全彩版

人民邮电出版社

北 京

图书在版编目（ＣＩＰ）数据

中文版Photoshop CS6从新手到高手：全彩版 / 牟春花，李星编著. -- 北京：人民邮电出版社，2017.5
ISBN 978-7-115-45511-6

Ⅰ. ①中… Ⅱ. ①牟… ②李… Ⅲ. ①图象处理软件 Ⅳ. ①TP391.413

中国版本图书馆CIP数据核字(2017)第077961号

内 容 提 要

本书以Photoshop CS6为基础，结合图像处理的特点，以广告设计、海报设计、照片精修、淘宝美工等为例，系统讲述了Photoshop在图像处理中的应用，包括Photoshop CS6基本操作，图像编辑基本操作，创建和编辑选区，绘制和修饰图像，图层的应用，调整图像色彩，文字工具和3D应用，使用矢量工具和路径，使用通道、蒙版和滤镜，使用动作和输出图像等知识。本书最后还安排了一章综合案例，以进一步提高学生对知识的应用能力。

本书采用基础知识加实战案例的形式对知识点进行讲解，读者在学习的过程中不但能掌握各个知识点的使用方法，还能掌握案例的制作方法，做到"学以致用"。

本书适合Photoshop初学者自学，也可作为各院校平面设计相关专业的教材。

◆ 策　　划　互联网+数字艺术研究院
　　编　　著　牟春花　李　星
　　责任编辑　税梦玲
　　责任印制　杨林杰
◆ 人民邮电出版社出版发行　　北京市丰台区成寿寺路 11 号
　　邮编　100164　　电子邮件　315@ptpress.com.cn
　　网址　http://www.ptpress.com.cn
　　北京捷迅佳彩印刷有限公司印刷
◆ 开本：787×1092　1/16
　　印张：15　　　　　　　　2017 年 5 月第 1 版
　　字数：466 千字　　　　　2024 年 7 月北京第 16 次印刷

定价：49.80 元（附光盘）

读者服务热线：(010)81055256　印装质量热线：(010)81055316
反盗版热线：(010)81055315
广告经营许可证：京东市监广登字 20170147 号

前　言
PREFACE

　　Photoshop 是一款功能强大的图像处理软件，它能够满足摄影爱好者、平面设计师、插画师、图像处理爱好者和淘宝美工等不同层次用户对图像处理的需求。Photoshop CS6 是 Adobe 公司推出的第 13 代 Photoshop 软件，它在前续版本的基础上进行了较大的更新，增加了内容填充等新特性，加强了 3D 图像编辑，并采用新的暗色调用户界面，该版本也是目前应用较为广泛的一个 Photoshop 版本。

■ 内容和特色

　　本书每章的内容安排和结构设计都考虑了读者的实际需要，主要介绍图形图像平面设计的基础知识，Photoshop CS6 的基本操作，选区与图像的绘制操作，图层和色彩调整方面的相关知识，文字、路径、形状、通道、蒙版和滤镜的使用方法，动作、批处理的操作方法等，最后安排了一章实际案例的综合应用。通过学习本书内容，读者能够灵活运用 Photoshop CS6，并可通过 Photoshop CS6 制作出不同的图像效果。

　　本书知识讲解灵活：或以正文描述，或以实例操作，或以项目列举。穿插的"操作解谜"和"技巧秒杀"等小栏目，不仅丰富了版面，还能提升读者技能。

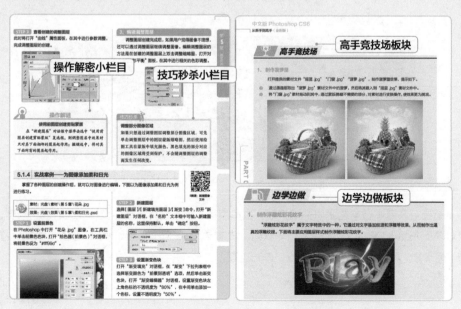

■ 配套资源

本书配有丰富的学习资源，分别以多媒体光盘、二维码及网上下载等多种方式提供，使读者学习更加方便、快捷。配套资源具体内容如下。

🎥 **视频演示：** 本书所有的实例操作均提供了教学微视频，读者可通过扫描二维码在线播放，也可通过光盘进行本地查看。此外，读者在使用光盘学习时可以使用交互模式，也就是光盘不仅可以"看"，还提供实时操作的功能。

📁 **素材和效果：** 本书提供了所有实例需要的素材和效果文件，并在案例开始制作前给出路径，读者根据光盘路径打开相应的文件夹即可找到对应的素材和效果图。

⚙ **海量相关资料：** 本书配套提供有图片设计素材、笔刷素材、形状样式素材和 Photoshop 图像处理技巧等资料，供读者练习使用，以进一步提高读者 Photoshop 图像设计的应用水平。

为了更好地使用上述这些资源，保证学习过程中不丢失，建议读者将光盘中的内容复制到本地计算机硬盘中。另外，读者还可从 http://www.ryjiaoyu.com 人邮教育社区中下载后续更新的补充材料。

■ 鸣谢

本书由互联网＋数字艺术研究院策划，由牟春花、李星编著。参与资料收集、视频录制、书稿校对以及排版等工作的人员有肖庆、李秋菊、黄晓宇、蔡长兵、熊春、李凤、罗勤、蔡飏、曾勤、廖宵、何晓琴、蔡雪梅、罗勤、张程程、李巧英等，在此一并致谢。

编者

2017 年 3 月

目录

CONTENTS

01 Chapter

第 1 章

Photoshop CS6 基本操作

/ 本章导读

使用 Photoshop CS6 进行平面设计前,首先需要学习并熟练掌握其基本操作方法。本章将从平面设计基础、图像处理基本概念、Photoshop CS6 的基本操作等几个方面介绍平面设计的入门基础。通过本章的学习,读者能够掌握平面设计的相关知识和 Photoshop CS6 的基本操作。

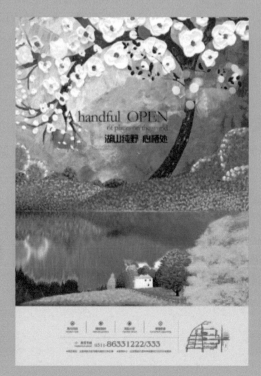

1.1 平面设计基础

平面设计主要包括色彩构成、平面构成和立体构成。本节主要介绍色彩构成和平面构成的相关知识，这也是平面设计中常用到的知识。

1.1.1 色彩构成概述

构成是指将两个以上的要素按照一定的规则重新组合，形成新的要素。色彩构成是指将两个或两个以上的色彩要素按照一定的规则进行组合和搭配，从而形成新的具有美感的色彩关系。

在完全黑暗中，人们看不到周围景物的形状和色彩，是因为没有光线；在光线很暗的情况下，有人看不清色彩，是因为视觉器官不正常，如色盲或是眼睛过度疲劳；在同种光线条件下，人们可以看到物体呈现不同的颜色，是因为物体表面具有不同的吸收光线与反射光线的能力，反射光线的能力不同会呈现不同的色彩。因此，色彩的发生是光对人视觉和大脑发生作用的结果，是一种视知觉。

1. 人眼看到的色彩

光通过光源色、透射光、反射光进入人的视觉，使人能感知物体表面色彩。

🔹 **光源色**：指本身能发光的色光，如各种灯、蜡烛、太阳等发光体。

🔹 **透射光**：指光源穿过透明或半透明的物体再进入视觉的光线。

🔹 **反射光**：反射光是光进入眼睛的最普通形式，眼睛能看到的任何物体都是由于物体反射光进入视觉。

下图所示为色彩在人眼中的形成过程示意图。

2. 物体表面的色彩

物体表面色彩的形成取决于光源的照射、物体本身反射的色光、环境与空间对物体色彩的影响这3个方面的因素，需要注意以下两点。

🔹 由各种光源发出的光，光波的长短、强弱、比例性质的不同形成了不同的色光。

🔹 物体本身不发光，光源色经过物体的吸收反射，反映为视觉中的光色感觉，这些本身不发光的色彩统称为物体色。

物体被放置在不同的环境与空间中，表面色彩也会发生相应的变化。这是因为不同的环境与空间具有不同的色彩和明暗变化，从而造成物体反射光和透射光发生变化。

1.1.2 色彩构成分类及属性

色彩构成是色彩设计的基础，是研究色彩的产生及人们对色彩的感知和应用的一门学科，也是一种科学化和系统化的色彩训练方式。

1. 色彩的分类

色彩分为非彩色和彩色两类，其中黑、白、灰为非彩色，其他色彩为彩色。彩色是由红、绿、蓝3种基本的颜色互相组合而成的，这3种颜色又称为三原色，三原色是能够按照数量规定合成其他任何一种颜色的基色。三原色通过基本调配，可以得到表达人们情绪的不同颜色。

- **近似色**：近似色可以是其本色外的任何一种颜色。如选择红和黄，得到它们的近似色——橙色。用近似色的颜色主题可以实现色彩的融合，与自然界中能看到的色彩比较接近。

- **补充色**：补充色是色环中直接位置相对的颜色。补充色可使色彩强烈突出。如进行橙子色图片组合时，用蓝色背景使橙子色更加突出。

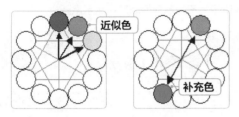

- **分离补色**：由2~3种颜色组成。当选择一种颜色后，会发现它的补色在色环的另一面。

- **组色**：组色是色环上距离相等的任意3种颜色。当组色被用作一个色彩主题时，会使浏览者产生紧张的情绪。

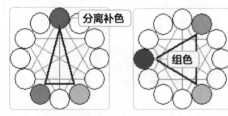

- **暖色**：由红色调组成，如红色、橙色、黄色。它们具有温暖、舒适、活力的特点，从而产生了一种色彩向浏览者显示或移动，并从页面中凸出来的可视化效果。

- **冷色**：由蓝色调组成，如蓝色、青色和绿色。这些颜色将对色彩主体起到冷静的作用，会产生一种从浏览者身上收回多余色彩的效果，适用于页面的背景。

2. 色彩属性

视觉所能感知的一切色彩现象，都具有明度、色相、纯度3种属性，是色彩最基本的构成要素。

- **明度**：指色彩的明暗程度。如果色彩中添加白色越多，图像明度就越高；如果色彩中添加黑色越多，图像明度就越低。下图所示为适当添加白色后，图像明度得到提高。

添加白色后的效果

操作解谜

单独呈现明度

明度在三要素中具有较强的独立性，可以不带任何色相的特征而通过黑、白、灰的关系单独呈现出来。

- **色相**：指颜色的色彩相貌，用于区分不同的色彩种类，分别为红、橙、黄、绿、蓝、紫6色，首尾相连形成闭合的色环。注意，位于圆环直径上的两种颜色为互补色。

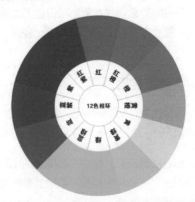

- **纯度**：指彩色的纯净程度，是色相的明确程度，也就是色彩的鲜艳程度和饱和度。混入白色，鲜艳度升高，明度变亮；混入黑色，鲜艳度降低，明度变暗；混入明度相同的中性灰，纯度降低，明度没有改变。下图所示显示了色彩纯度由高到低的变化过程。

1.1.3 色彩对比

色彩对比指两种或两种以上的色彩，在空间或时间关系上相比会出现明显的差别，并产生比较作用。同一色彩被感知的色相、明度、纯度、面积、形状等因素相对固定，且处于孤立状态，无从对比。而对比需要成双成对地比较，所以色彩的对比现象是发生在两种或两种以上的色彩间。色彩对比从色彩的基本要素上，可以分为色相对比、明度对比和纯度对比。

1. 色相对比

色彩并置时因色相的差别而形成的色彩对比为色相对比。将相同的橙色放在红色或黄色上，就会发现在红色上的橙色有偏黄的感觉。因为橙色是由红色和黄色调成的，当它与红色并列时，相同的成分被调和，而相异的成分被增强，所以看起来比单独时偏黄，与其他色彩比较也会有这种现象。当对比的两色具有相同的纯度和明度时，两色越接近补色，对比效果越明显。下图所示为不同情况下色相对比示意图。

2. 明度对比

色彩并置时因明度的差别而形成的色彩对比为明度对比。将相同的色彩放在黑色和白色上比较色彩的感觉，会发现放在白色上的色彩感觉比较暗，放在黑色上的色彩感觉比较亮，明暗的对比效果非常明显。下图所示为不同情况下明度对比示意图。

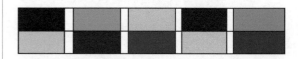

3. 纯度对比

色彩并置时因纯度的差别而形成的色彩对比为纯度对比。纯度对比可以体现在单一色相的对比中，同色相可以因为含灰量的差异而形成纯度对比；也可以体现在不同色相的对比中，红色是色彩系列之中纯度最高的，其次是黄、橙、紫等，蓝绿色系纯度最低。当其中一色混入灰色时，也可以明显地看到它们之间的纯度差。下图所示为不同情况下纯度对比示意图。

1.1.4 色彩构图原则

在平面设计中，不能凭感觉任意搭配色彩，要运用审美的原则安排和处理色彩间的关系，即在统一中求变化、在变化中求统一。色彩构图原则大致可以从对比、平衡、节奏3个方面进行概括。

- 对比：指色彩就其某一特征在程度上的比较，如明暗色调对比，一幅优秀的作品必须具备明暗关系，以突出作品的层次性。
- 平衡：平衡是以重量来比喻物象、黑白、色块等在一个作品画面分布上的审美合理性。人们在长期的实践中已习惯于重力的平衡和稳定，在观察事物时总要寻找最理想的视角和区域，反映在构图上就是要求平衡。
- 节奏：指色彩在作品中合理分布。一幅好作品的精华位于视觉中心，是指画面中节奏变化最强且视觉上最有情趣的部分，而色彩的变化最能体现这一节奏。

1.1.5 色彩搭配技巧

不同的色彩组合可以表现出不同的感情，而同一种感情也可用不同的色彩组合方式来体现。下面将列举一些常见的表达感情的色彩组合方式。

1. 有主导色彩的配色

由一种色相构成的统一配色，体现整体统一性，强调展现色相的印象。若不是同一种色相，那么色相环上相邻的类似色也可以形成相近的配色效果，这种配色会展现自然和谐的印象，但同时也容易形成单调乏味的感觉。下图所示为有主导色彩的同色系配色案例。

主导色彩为粉色

2. 有主导色调的配色

由一种色调构成的统一配色，深色调和暗色调由类似色调搭配也可以形成同样的配色效果。即使出现多种色相，只要保证色调一致，画面就能体现出整体统一性。但在暗色调或深色调的配色中，不同色相的色彩如果不能体现变化，画面则会出现孤寂或清冷的感觉。下图所示为有主导色调的同色系配色案例。

主导色调为浅色

3. 强调色配色

在同色系色彩搭配构成的配色中，可通过添加强调色的配色技巧来突出画面重点，这种方法在明度、纯度相近的朦胧效果配色中同样适用。强调色一般选择基本色的对比色等明度和纯度差异较大的色彩，或

白色和黑色，关键在于将强调色限定在小面积内予以展现。下图所示为强调色配色案例。

强调色为红色

4. 同色深浅搭配配色

由同一色相的色调差构成的配色类型，属于单一色彩配色的一种，色相相同的配色可展现和谐的效果。需要注意的是，若没有色调差异，画面则会产生缺乏张弛的呆板感觉。下图所示为同色深浅搭配配色案例。

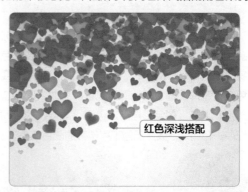

红色深浅搭配

5. 感受性别的配色

通常情况下，该配色方式以红色为中心的暖色系常用于表示女性，以蓝色为中心的冷色系常用于表示男性。需要注意的是，在实际配色过程中并不单是色相，色调也非常重要。在淡雅、轻薄的色调中展现配色等明度差异小的配色效果代表女性印象，在暗色调或深色调等强有力的色调中展现较强对比度的配色效果代表男性印象。下图所示分别为男性配色和女性配色案例。

6. 感受温度的配色

通常在表现湿热、酷暑、寒冷、清凉等温度感时，会采用冷色调色彩和暖色调色彩。暖色调色彩是能够使情绪高涨的兴奋色，在视觉上有优先识别性，适用于吸引眼球设计的作品；冷色调色彩是在纯度和明度都低的色调下，能够呈现出比实际画面更加收缩的效果，俗称"后褪色"。下图所示为冷色调色彩配色案例。

蓝色调配色

7. 感受年龄的配色

年龄不同，与之相称的色彩也会有所变化。把握年龄相称的配色重点在于捕捉色调，而不单独是色相本身。通常体现年龄小时，应选择高明度和高纯度的原色搭配不浑浊的色调；而体现年龄大时，则应选择低明度和低纯度的色彩搭配深色调，或微妙的中间色搭配单一色调。下图所示为不同年龄的配色案例。

儿童年龄阶段

老年人年龄阶段

8. 感受季节的配色

通常表现春天应该选择明快或柔和的色调；表现夏天应该选择高纯度的暖色调色彩或体现清凉感的冷色调色彩；表现秋天应该选择中间色调的色彩；表现冬天应该选择冷色调或灰色调。下图所示为表现春季的配色案例。

春季

9. 感受轻重感的配色

在心理上，人类感觉最重的色彩是黑色，感觉最轻的色彩是白色，因此越接近黑色的暗色调会显得分量重，越接近白色的浅色调则会显得分量轻。同时，显示重的色彩可以表达坚硬、强劲、苦涩等含义，显示轻的色彩可以表达柔软、弱小、甘甜等含义。

10. 感受自然的配色

自然配色由植物、土地、河流、动物毛色等自然物的色彩搭配形成，应避免高纯度的鲜艳色调，选择稳重或柔和的色调；避免相反色等对比效果强烈的色相，选择相互接近彼此相容的色相。

1.1.6 平面构成属性

平面构成是指将具有形态（包括具象形态，抽象形态连贯点、线、面、体）在二维的平面内，按照一定的秩序和法则进行分解和组合，从而构成理想形态的组合形式。平面构成设计的基本单元是点、线、面，只有深入理解各个单元及单元间的相互关系，才能设计出令人关注的作品。

1. 点的形象

数学上的点没有大小只有位置，但造型上作为形象出现的点不仅有大小和面积，还有形态和位置，越小的形体越能给人以点的感觉。

不同大小、疏密的混合排列，使之成为一种散点式的构成形式。而将大小一致的点按一定的方向进行有规律的排列，会给人留下由点的移动而产生线化的感觉。

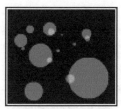 

除圆点外的其他形态的点还具有方向，对由大到小的点按一定的轨迹和方向进行变化，可以使之产生一种优美的韵律感。而将点以大小不同的形式，既密集又分散地进行有目的的排列，可以使之产生点的面化感觉。

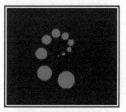 

将大小一致的点以相对的方向逐渐重合，可以使之产生微妙的动态视觉感。而将不规则的点按一定的方向重合分布，则可产生另一种动态视觉感。

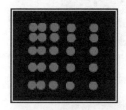 

2. 线的形象

平面相交形成直线，曲面相交形成曲线。几何学中的线没有粗细，只有长度与方向，但在造型世界，线被赋予了粗细与宽度。线在现代抽象作品与东方绘画中被广泛运用，有很强的表现力。

线是点移动的轨迹，将线等距密集排列，可以产生面化的线。而将线按不同距离排列，则可以产生透视空间的视觉效果。

将粗细不等的线排列，可以产生虚实空间的视觉效果。将规则的线在同一方向上做一些切换变化，则可以产生错觉化的视觉效果。

 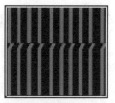

将具有厚重感的规则的线按一定的方式分布，可以产生规则的立体化视觉效果。将不规则的线按一定的方式分布，则可以产生不规则的立体化视觉效果。

3. 面的形象

单纯的面具有长度和宽度，没有厚度，是体的表面。它受线的界定，具有一定的形状。面分为实面和虚面两类，实面具有明确、突出的形状，虚面则由点和线密集而成。

几何形的面，表现出规则、平稳、较为理性的视觉效果。自然形的面，以不同外形展现现实物体的面，给人以更为生动或厚实的视觉效果。

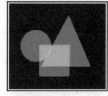 

徒手绘制的面，总是给人无限想象。有机形的面，则表现出柔和、自然、抽象的形态。

偶然形的面，给人自由、活泼、富有哲理性的感觉。人造形的面，则给人较为理性的人文特点的感觉。

1.1.7　平面构成视觉对比

在平面设计过程中，平面的不同构成会给人不同的视觉感，优秀的平面作品会使人过目不忘，不好的作品则会使人产生不安的感觉。下面介绍几种常用的平面构成。

🔹 **基本构成形式**：平面构成的基本形式大体分为90°排列格式、45°排列格式、弧线排列格式、折线排列格式。

🔹 **重复构成形式**：以一个基本单形为主体，在基本格式内重复排列，排列时可做方向和位置变化，具有很强的形式美感。

🔹 **近似构成形式**：是具有相似之处的形体之间的构成。

🔹 **渐变构成形式**：是指将基本形体按大小、方向、虚实、色彩等关系渐次变化排列的构成形式。

🔹 **发射构成形式**：以一点或多点为中心，向周围发射或扩散等形成的视觉效果，具有较强的动感及节奏感。

🔹 **空间构成形式**：利用透视学中的视点、灭点、视平线等原理求得的平面上的空间形态。

🔹 **特异构成形式**：在一种较为有规律的形态中进行小部分变异，以突破某种较为单调的构成形式。

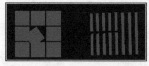

🔹 **分割构成形式**：将不同的形态分割成较为规范的单元，以得到比例一致、特点灵活、自由的视觉感。

1.1.8　平面构图原则

在平面构图过程中，为了让自己的作品最终得到受众的认可，应使作品构图符合以下原则。

🔹 **和谐**：单独的一种颜色或单独的一根线条无所谓和谐，几种要素具有基本的共同性和融合性才称为和谐。和谐的组合也保持部分的差异性，但当差异性表现强烈和显著时，和谐的格局就向对比的格局转化。

🔹 **对比**：对比又称对照，把质或量反差甚大的两个要素成功地配列于一起，使人感受到鲜明强烈的感触但仍具有统一感的现象称为对比。它能使主题更加鲜明，作品更加活跃。

🔹 **对称**：假定在某一图形的中央设一条垂直线，将图形划分为左右完全相等的两部分，这个图形就是左右对称的图形，这条垂直线称为对称轴。对称轴的

方向如由垂直转换成水平方向，则称为上下对称；如垂直轴与水平轴交叉组合为四面对称，则两轴相交的点为中心点，这种对称形式即称为"点对称"。

🔹 **平衡**：在平衡器上两端承受的重量由一个支点支持，当双方获得力学上的平衡状态时，则称为平衡。在生活现象中，平衡是动态的特征，如人体运动、鸟的飞翔、兽的奔驰、风吹草动、流水激浪等都是平衡的形式，因而平衡的构成具有动态性。

🔹 **比例**：比例是部分与部分或部分与整体之间的数量关系，是构成设计中一切单位大小以及各单位间编排组合的重要因素。

1.2 图像处理的基本概念

使用 Photoshop CS6 处理图像之前，需要先了解图像处理的基本概念，如位图与矢量图、图像的分辨率、色彩模式等，以便对图像处理更加得心应手。

1.2.1 像素与分辨率

像素是构成位图图像的最小单位，是位图中的一个小方格。分辨率是指单位长度上的像素数目，单位通常为"像素／英寸"和"像素／厘米"，它们的组成方式决定了图像的数据量。

1. 像素

像素是组成位图图像最基本的元素，每个像素在图像中都有自己的位置，并且包含了一定的颜色信息，单位面积上的像素越多，颜色信息越丰富，图像效果就越好，文件也会越大。下图所示的荷花即为图像分辨率为 72 像素／英寸下的效果和放大图像后的效果，在放大后的图像中，显示的每一个小方格就代表一个像素。

2. 分辨率

分辨率指单位面积上的像素数量。分辨率的高低直接影响图像的效果，单位面积上的像素越多，分辨率越高，图像就越清晰，但所需的存储空间也就越大。下图所示为分辨率为 72 像素／英寸和 300 像素／英寸的区别。从中可以看出，低分辨率的图像较为模糊，而高分辨率的图像则更加清晰。

技巧秒杀

几种常见的分辨率的设计规范

用于屏幕显示或网络的图像，可设置分辨率为72像素/英寸。用于喷墨打印机打印的图像，可设置分辨率为100~150像素/英寸。用于印刷的图像，则需要设置为300像素/英寸。

操作解谜

各种分辨率的含义

常见的分辨率有图像分辨率、打印分辨率和屏幕分辨率。图像分辨率用于确定图像的像素数目；打印分辨率指绘图仪、激光打印机等输出设备在输出图像时每英寸所产生的油墨点数，若使用与打印机输出分辨率成正比的图像分辨率，便可产生很好的输出效果；屏幕分辨率指显示器上每单位长度显示的像素或点的数目，单位为"点/英寸"。

1.2.2 位图与矢量图

位图和矢量图是图像的两种类型，是进行图形图像设计与处理时必须了解和掌握的知识，理解这两种类型以及两种类型之间的区别，有助于用户更好地学习和使用 Photoshop CS6。

1. 位图

位图也称点阵图或像素图，由多个像素点构成，能够将灯光、透明度和深度等逼真地表现出来，将位图放大到一定程度，即可看到位图由一个个小方块组成，这些小方块就是像素。位图图像质量由分辨率决定，单位面积内的像素越多，分辨率越高，图像效果就越好。但当位图缩放到一定比例时，图像像素会变模糊。常见的位图格式有 JPEG、PCX、BMP、PSD、PIC、GIF 和 TIFF 等。下图所示为位图原图和放大 500% 的对比效果。

2. 矢量图

矢量图是用一系列计算机指令来描述和记录的图像，它由点、线、面等元素组成，所记录的对象主要包括几何形状、线条粗细和色彩等。与位图不同的是，矢量图清晰度和光滑度不受图像缩放的影响。常见的矢量图格式有 CDR、AI、WMF 和 EPS 等。下图所示为矢量图原图和放大 300% 的对比效果。

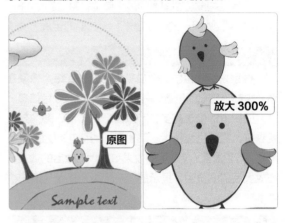

操作解谜

矢量图运用范围

矢量图常用于制作企业标志或插画，还可用于商业信纸或招贴广告。矢量图可随意缩放的特点使其可在任何打印设备上以高分辨率进行输出。

1.2.3 图像的色彩模式

色彩模式是数字世界中表示颜色的一种算法，常用的有 RGB 模式、CMYK 模式、Lab 模式、灰度模式、索引模式、位图模式、双色调模式、多通道模式等。

色彩模式还影响图像通道的多少和文件大小，每个图像具有一个或多个通道，每个通道都存放图像中颜色元素的信息。图像中默认的颜色通道数取决于色彩模式。在 Photoshop CS6 中选择【图像】/【模式】命令，在打开的子菜单中可以查看所有的色彩模式，选择相应的命令可在不同的色彩模式之间相互转换。下面分别对各个色彩模式进行介绍。

1. 位图模式

位图模式是由黑和白两种颜色来表示图像的颜色模式，适合制作艺术样式或创作单色图形。彩色图像模式转换为该模式后，颜色信息将会丢失，只保留亮度信息。只有处于灰度模式下的图像才能转换为位图模式。下图所示即为位图模式下图像的显示效果。

2. 灰度模式

在灰度模式图像中每个像素都有一个0（黑色）~ 255（白色）的亮度值。当彩色图像转换为灰度模式时，将删除图像中的色相及饱和度，只保留亮度。下图所示即为灰度模式下图像的显示效果。

3. 双色调模式

双色调模式是用灰度油墨或彩色油墨来渲染灰度图像的模式。双色调模式采用两种彩色油墨来创建由双色调、三色调、四色调混合色阶组成的图像。在此模式中，最多可向灰度图像中添加4种颜色。下图所示即为双色调和三色调效果。

4. 索引模式

索引模式指系统预先定义好一个含有256种典型颜色的颜色对照表，当图像转换为索引模式时，系统会将图像的所有色彩映射到颜色对照表中。图像的所有颜色都将在它的图像文件中定义。当打开该文件时，构成该图像的具体颜色的索引值都将被装载，然后根据颜色对照表找到最终的颜色值。下图所示即为索引模式下图像的显示效果。

5. RGB 模式

RGB 模式由红、绿、蓝3种颜色按不同的比例混合而成，也称真彩色模式，是 Photoshop 默认的模式，也是最为常见的一种色彩模式。下图所示即为RGB 模式下图像的显示效果。

技巧秒杀

常见"色彩模式"的选择

在Photoshop中，除非有特殊要求使用某种"色彩"模式，一般都采用RGB模式，这种模式下可使用Photoshop中的所有工具和命令，其他模式则会受到相应的限制。

6. CMYK 模式

CMYK 模式是印刷时使用的一种颜色模式，主要由 Cyan（青）、Magenta（洋红）、Yellow（黄）和 Black（黑）4 种色彩组成。为了避免和 RGB 三基色中的 Blue（蓝色）发生混淆，其中的黑色用 K 表示。若在 RGB 模式下制作的图像需要印刷，则必须将其转换为 CMYK 模式。下图所示即为 CMYK 模式下图像的显示效果。

7. Lab 模式

Lab 模式由 RGB 三基色转换而来。其中 L 表示图像的亮度；a 表示由绿色到红色的光谱变化；b 表示由蓝色到黄色的光谱变化。下图所示即为 Lab 模式下图像的显示效果。

8. 多通道模式

在多通道模式下图像包含了多种灰阶通道。将图像转换为多通道模式后，系统将根据原图像产生一定数目的新通道，每个通道均由 256 级灰阶组成。在进行特殊打印时，多通道模式作用显著。下图所示即为多通道模式下图像的显示效果。

1.2.4 图像文件格式

在 Photoshop 中，应根据需要选择合适的文件格式保存作品。Photoshop 支持多种文件格式，下面对一些常见的图像文件格式进行介绍。

- **PSD（*.PSD）格式**：它是 Photoshop 自身生成的文件格式，是唯一支持全部图像色彩模式的格式。以 PSD 格式保存的图像可以包含图层、通道、色彩模式等信息。

- **TIFF（*.TIF、*.TIFF）格式**：TIFF 格式是一种无损压缩格式，主要是在应用程序之间或计算机平台之间进行图像的数据交换。TIFF 格式是应用非常广泛的一种图像格式，可在多种图像软件间进行转换。TIFF 格式支持带 Alpha 通道的 CMYK、RGB 和灰度文件，支持不带 Alpha 通道的 Lab、索引颜色、位图文件，还支持 LZW 压缩文件。

- **BMP（*.BMP）格式**：BMP 格式用于选择当前图层的混合模式，使其与下面的图像进行混合。

- **JPEG（*.JPG）格式**：JPEG 是一种有损压缩格式，支持真彩色，生成的文件较小，也是常用的图像格式之一。JPEG 格式支持 CMYK、RGB、灰度颜色模式，但不支持 Alpha 通道。在生成 JPEG 格式的文件时，可以通过设置压缩的类型来产生不同大小和质量的文件。压缩越大，图像文件就越小，图像质量也就越差。

- **GIF（*.GIF）格式**：GIF 格式的文件是 8 位图像文件，最多为 256 色，不支持 Alpha 通道。GIF 格式文件较小，常用于网络传输，网页中的图片大多是 GIF 和 JPEG 格式。GIF 格式与 JPEG 格式相比，其优势在于 GIF 格式的文件可以保存动画效果。

- **PNG（*.PNG）格式**：PNG 格式主要用于替代 GIF

格式文件。GIF 格式文件虽小，但在图像的颜色和质量上较差。PNG 格式可以使用无损压缩方式压缩文件，支持 24 位图像，产生的透明背景没有锯齿边缘，产生图像效果的质量较好。

🔲 EPS（*.EPS）格式：EPS 格式可以包含矢量和位图图形，最大的优点在于可以在排版软件中以低分辨率预览，而在打印时以高分辨率输出。不支持 Alpha 通道，支持裁切路径，支持 Photoshop 所有的颜色模式，可用于存储矢量图和位图。在存储位图时，还可以将图像的白色像素设置为透明的效果。它在位图模式下，也支持透明效果。

🔲 PCX（*.PCX）格式：PCX 格式与 BMP 格式一样，支持 1~24bit 的图像，并可以用 RLE 的压缩方式保存文件。PCX 格式还可以支持 RGB、索引颜色、灰度、位图颜色模式，但不支持 Alpha 通道。

🔲 PDF（*.PDF）格式：PDF 格式是 Adobe 公司开发的用于 Windows、MAC OS、UNIX、DOS 系统的一种电子出版软件的文档格式，适用于不同平台。该格式文件可存储多页信息，包含图形和文件的查找和导航功能。使用该软件不需要排版或图像软件即可获得图文混排的版面。由于该格式支持超文本链接，因此是在网络下载时经常使用的文件格式。

🔲 PICT（*.PCT）格式：PICT 格式被广泛用于 Macintosh 图形和页面排版程序中，是作为应用程序间传递文件的中间格式。该格式支持带一个 Alpha 通道的 RGB 文件和不带 Alpha 通道的索引文件、灰度、位图文件。PICT 格式对于压缩具有大面积单色的图像非常有效。

1.3 Photoshop CS6 的基本操作

在进行平面设计前，除了要掌握平面设计相关的知识和图像处理的基本概念，还要掌握图像文件的基本操作，这是进行平面设计的基础。下面详细介绍 Photoshop CS6 的工作界面以及新建、打开、保存和关闭图像文件的方法。

1.3.1 认识 Photoshop CS6 的工作界面

选择【开始】/【所有程序】/【Adobe Photoshop CS6】命令，启动 Photoshop CS6 后，打开下图所示的工作界面，该界面主要由菜单栏、工具箱、工具属性栏、面板组、图像窗口、状态栏组成。下面对 Photoshop CS6 工作界面的各组成部分进行详讲解。

🔹 **菜单栏**：由"文件""编辑""图像""图层""文字""选择""滤镜""3D""视图""窗口""帮助"11个菜单项组成，每个菜单项下内置了多个菜单命令。菜单命令右侧标有 ▶ 符号，表示该菜单命令下还包含子菜单；若某些命令呈灰色显示，表示没有激活，或当前不可用。

🔹 **工具箱**：集合了在图像处理过程中使用最频繁的工具，可以用于绘制图像、修饰图像、创建选区、调整图像显示比例等。工具箱的默认位置在工作界面左侧，将光标移动到工具箱顶部，可将其拖曳到界面中的其他位置。

技巧秒杀

更改工具箱显示方式

单击工具箱顶部的折叠按钮，可以将工具箱中的工具以双列方式排列。单击工具箱中对应的图标按钮，即可选择该工具。工具按钮右下角有黑色小三角形的，表示该工具位于一个工具组中，其下还包含隐藏的工具。在该工具按钮上按住鼠标左键不放或单击鼠标右键，即可显示该工具组中隐藏的工具。

🔹 **工具属性栏**：用于对当前所选工具进行参数设置，默认位于菜单栏的下方。当用户选择工具箱中的某个工具时，工具属性栏将变成相应工具的属性设置。

🔹 **面板组**：Photoshop CS6 中的面板默认显示在工作界面的右侧，是工作界面中非常重要的一个组成部分，用于进行选择颜色、编辑图层、新建通道、编辑路径、撤销编辑等操作。选择【窗口】/【工作区】/【基本功能（默认）】命令，将打开下图所示的面板组合。单击面板右上方的灰色箭头，面板将以面板名称的缩略图方式进行显示；再次单击灰色箭头，可以展开该面板组。当需要显示某个单独的面板时，单击该面板名称即可。

操作解谜

显示与隐藏面板

将鼠标指针移动到面板组的顶部标题栏处，按住鼠标左键不放，将其拖曳到窗口中某位置释放，可移动面板组的位置。选择"窗口"菜单命令，在打开的子菜单中选择相应的菜单命令，还可以设置面板组中显示的对象。另外，在面板组的选项卡上按住鼠标左键不放并拖曳，可将当前面板拖离该组。

🔹 **图像窗口**：对图像进行浏览和编辑操作的主要场所，所有的图像处理操作都是在图像窗口中进行的。图像窗口的上方是标题栏，标题栏中可以显示当前文件的名称、格式、显示比例、色彩模式、所属通道、图层状态。如果该文件未进行存储，则标题栏中以"未命名"加上连续的数字作为文件的名称。图像的各种编辑都是在图像窗口中进行的。另外，在 Photoshop CS6 中，当打开多个图像文件时，可用选项卡的方式排列显示，以便切换查看和使用。

🔹 **状态栏**：位于图像窗口底部，左端显示当前图像窗口显示比例，在其中输入数值并按【Enter】键可改变图像的显示比例，中间显示当前图像文件大小。

技巧秒杀

快速调整Photoshop CS6工作界面的背景色

Photoshop CS6的工作界面默认为深色背景，可以更加凸显图像，使用户专注于图像设计。按【Alt+F2】组合键，可以将工作界面的亮度调亮（从黑色到深灰）；按【Alt+F1】组合键，可以将工作界面亮度调暗。

1.3.2 新建图像文件

在 Photoshop 中制作文件，首先需要新建一个空白文件。选择【文件】/【新建】命令或按【Ctrl+N】组合键，打开下图所示的"新建"对话框。

其中各个选项含义如下。

❦ "名称"文本框：用于设置新建文件的名称，其中默认文件名为"未标题 –1"。

❦ "预设"下拉列表框：用于设置新建文件的规格，可选择 Photoshop CS6 自带的几种图像规格。

❦ "大小"下拉列表框：用于辅助"预设"后的图像规格，设置出更规范的图像尺寸。

❦ "宽度"/"高度"文本框：用于设置新建文件的宽度和高度，在右侧的下拉列表框中可设置度量单位。

❦ "分辨率"文本框：用于设置新建图像的分辨率，分辨率越高，图像品质越好。

❦ "颜色模式"下拉列表框：用于选择新建图像文件的色彩模式，在右侧的下拉列表框中还可以选择是 8 位图像还是 16 位图像。

❦ "背景内容"下拉列表框：用于设置新建图像的背景颜色，系统默认为白色，也可设置为背景色和透明色。

❦ "高级"按钮：单击该按钮，在"新建"对话框底部会显示"颜色配置文件"和"像素长宽比"两个下拉列表框。

1.3.3 打开图像文件

在 Photoshop 中编辑一个图像，如拍摄的照片或素材等，需要先将其打开。文件的打开方法主要有以下 4 种。

1. 使用"打开"命令打开

选择【文件】/【打开】命令，或按【Ctrl+O】组合键，打开"打开"对话框。在"查找范围"下拉列表框中选择文件存储位置，在中间的列表框中选择需要打开的文件，单击"打开"按钮即可。

2. 使用"打开为"命令打开

若 Photoshop 无法识别文件的格式，则不能使用"打开"命令打开文件。此时可选择【文件】/【打开为】命令，打开"打开为"对话框。在其中选择需要打开的文件，并为其指定打开的格式，然后单击"打开"按钮。

3. 拖曳图像启动程序

在没有启动 Photoshop 的情况下，将一个图像文件直接拖曳到 Photoshop 应用程序的图标上，可直接启动程序并打开图像。

4. 打开最近使用过的文件

选择【文件】/【最近打开文件】命令，在打开的子菜单中可选择最近打开的文件。选择其中的一个文件，即可将其打开。若要清除该目录，可选择菜单底部的"清除最近的文件列表"命令。

1.3.4 保存和关闭图像文件

图像制作完成后需要保存，同时对于暂时不需要操作的图像文件可将其关闭。

1. 保存图像文件

新建文件或对文件进行编辑后，必须保存文件。选择【文件】/【存储】命令，打开"存储为"对话框，在"保存在"下拉列表框中选择存储文件的位置，在"文件名"文本框中输入存储文件的名称，在"格式"下拉列表框中选择存储文件的格式，然后单击"保存"按钮，即可保存图像。

技巧秒杀

另存文件

若对保存后的图片再次进行了编辑，按【Ctrl+S】组合键直接保存，即可覆盖原来保存的文件。若需要将处理后的图片以其他名称保存在其他位置，可选择【文件】/【存储为】命令，在打开的对话框中设置保存参数。

2. 关闭图像文件

文件编辑完成后可以将图像文件关闭，以节约系统资源，关闭图像文件的方法有以下 3 种。

- 单击图像窗口标题栏最右端的"关闭"按钮。
- 选择【文件】/【关闭】命令或按【Ctrl+W】组合键。
- 按【Ctrl+F4】组合键。

1.3.5 实战案例——转换图像色彩模式

本章对图像色彩模式进行了介绍，下面尝试将提供的"图片 1.jpg"素材图像由 RGB 颜色模式转换为双色模式。

微课：转换图像色彩模式

素材：光盘\素材\第 1 章\图片 1.jpg

效果：光盘\效果\第 1 章\双色调图片 .psd

STEP 1 选择菜单命令

选择【开始】/【所有程序】/【Adobe Photoshop CS6】命令，启动 Photoshop CS6，选择【文件】/【打开】命令，打开"打开"对话框，在"查找范围"下拉列表框中选择文件所在位置，在中间的列表框中

选择要打开的文件，单击"打开"按钮，打开素材文件，选择【图像】/【模式】/【灰度】命令。

STEP 2 更改为灰度模式

打开"信息"对话框,单击"扔掉"按钮。

STEP 3 查看灰度效果

❶此时图片将变为灰度模式; ❷选择【图像】/【模式】/【双色调】命令。

STEP 4 设置"双色调选项"对话框

❶打开"双色调选项"对话框,在"类型"下拉列表中选择"双色调"选项; ❷在"油墨 1"右侧的文本框中输入"蓝色",在"油墨 2"右侧的文本框中输入"玫红"; ❸单击"油墨 1"右侧的色块。

STEP 5 设置颜色

❶打开"拾色器(墨水 1 颜色)"对话框,在其中设置颜色为蓝色"#03deff"; ❷单击"确定"按钮。

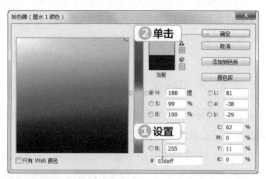

STEP 6 查看图像效果

返回"双色调选项"对话框,使用相同的方法设置"油墨 2"的颜色值为"#f205ef",然后单击"确定"按钮返回图像窗口,查看已经添加双色的图像效果。

STEP 7 保存文件

❶选择【文件】/【存储为】命令。打开"存储为"对话框,在"保存在"下拉列表框中选择文件的保存位置; ❷在"文件名"文本框中输入"双色调图片 .psd",在"格式"下拉列表中选择 PSD 格式; ❸单击"保存"按钮保存图像。

1.4 使用辅助工具

Photoshop CS6 中提供了多个辅助用户处理图像的工具，大多位于"视图"菜单中。这些工具对图像不起任何编辑作用，仅用于测量或定位图像，使图像处理更精确，并提高工作效率。本节将具体介绍 Photoshop CS6 的辅助工具的使用方法。

1.4.1 使用标尺

选择【视图】/【标尺】命令或按【Ctrl+R】组合键，即可在打开的图像文件左侧边缘和顶部显示或隐藏标尺。通过标尺可查看图像的宽度和高度。

标尺 x 轴和 y 轴的 O 点坐标在左上角，在标尺左上角相交处按住鼠标左键不放，此时光标变为 ╋ 形状，拖曳到图像中的任意位置。释放鼠标左键，此时拖曳到的目标位置即为标尺的 x 轴和 y 轴的相交处。

1.4.2 使用网格

在图像处理中，设置网格线可以让图像处理更精准。选择【视图】/【显示】/【网格】命令或按【Ctrl+'】组合键，可以在图像窗口中显示或隐藏网格线。

按【Ctrl+K】组合键打开"首选项"对话框，在左侧的列表中选择"参考线、网格和切片"选项，然后在右侧的"网格"栏中可设置网格的颜色、样式、网格线间隔、子网格。

1.4.3 使用参考线

参考线是浮动在图像上的直线，分为水平参考线和垂直参考线。它用于给设计者提供参考位置，不会被打印出来。

微课：使用参考线

1. 创建参考线

创建参考线的具体操作如下。

STEP 1　新建参考线

选择【视图】/【新建参考线】命令，打开"新建参考线"对话框，在"取向"栏中选择参考线取向，如选中"垂直"，在"位置"文本框中输入参考线位置。

STEP 2　查看效果

单击"确定"按钮即可在相应位置创建一条参考线。

操作解谜

其他创建参考线的方法

通过标尺可以创建参考线，将鼠标指针置于窗口顶部或左侧的标尺处，按住鼠标左键不放并向图像区域拖曳，这时鼠标光标呈 ╪ 或 ╫ 形状，同时会在右上角显示当前标尺的位置。释放鼠标后即可在释放鼠标处创建一条参考线。

2. 创建智能参考线

启用智能参考线后，参考线会在需要时自动出现。当使用移动工具移动对象时，可通过智能参考线对齐形状、切片和选区。创建智能参考线的方法是选择【视图】/【显示】/【智能参考线】命令。下图所示为移动对象时，智能参考线自动对齐到底部。

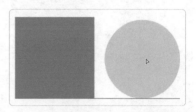

3. 智能对齐

对齐工具有助于精确地放置选区、裁剪选框、切片、形状、路径。选择【视图】/【对齐】命令，使该命令处于勾选状态，然后在【视图】/【对齐到】命令的子菜单中选择一个对齐项目。勾选状态就表示启用了该项目。

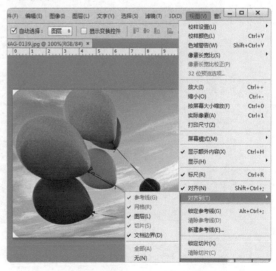

边学边做

1. 赏析"论道竹叶青"画册设计

从平面构成、色彩构成以及设计理念方面来赏析著名设计大师陈幼坚为竹叶青设计的《论道99》画册，画册部分效果如下图所示。

提示如下。

- 通过观察，该画册从整体色相上来看，采用了黑色和土黄色作为主色调进行对比，体现出朴素的质感。黑色给人重量、高雅、高贵、神秘的感觉，而土黄色的明度相对较高，能够达到醒目的效果。文字的颜色采用两种色相，对比展现强烈，并采用了不同明度，可以更好地吸引人的注意力。

- 画册的封面和封底以道德经中文字作为背景底纹，将"论道"这一理念体现出来。封面名称采用了平面构成中"点"的使用方法，通过一个点使整个封面重点放在该点上，即画册名称"论道竹叶青"。

PART 01

画册内容文字普遍采用竖排，主要是结合竖版画册大致走势，让观赏者能够跟随设计者的思路观看画册。如第 2 张，观者首先观看的是左上角的点，然后随着点中茶叶竖着的走势观看到下面的相关文字介绍，接着观察右侧，习惯性地从左到右观察，但大字型"壹"字又将观者吸引到右侧，并从竖向的排版中阅读该文字，这一视觉走向主要体现了中国茶叶的古朴风味。

整个画册页面只采用文字和色彩来表示，为了不乏单调，作者将画册相关位置的直线更改为曲线，不仅装饰了画面，并且将"道"的缥缈的感觉表现出来。

2. 新建"名片"文件

新建一个名称为"名片"的图像文件，用于某公司在职员工进行名片设计，在创建图像文件时要注意名片的尺寸，常见的名片尺寸为 90 毫米 ×54 毫米。因为要进行印刷，因此分辨率应设置为 300 像素，颜色模式为"CMYK 模式"，并对出血进行设置。

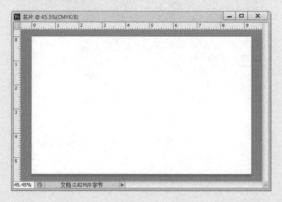

提示如下。

启动 Photoshop CS6 后，选择【文件】/【新建】命令或按【Ctrl+N】组合键打开"新建"对话框，在"名称"文本框中输入"名片"，在"宽度"右侧的下拉列表中选择"毫米"，在"宽度"文本框中输入"93"，在"高度"文本框中输入"57"，在"分辨率"文本框中输入"300"。

在"颜色模式"下拉列表中选择"CMYK 颜色"模式，单击"确定"按钮。

选择【视图】/【新建参考线】命令，打开"新建参考线"对话框。在其中输入"0.3 毫米"，分别创建水平和垂直参考线，完成出血线的设置，最后保存图像文件。

高手竞技场

1. 赏析海报

打开提供的"房地产海报 .tif"图片，对其进行简单赏析，提示如下。

从画面整体的平面构成上分析。

从色彩方面赏析。

2. 更改图像模式

打开提供的"人物照片 .jpg"文件，在 Photoshop 中练习将图像设置为不同的色彩模式。

 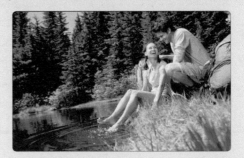

02 Chapter

第 2 章

图像编辑基本操作

/ 本章导读

本章将详细讲解在 Photoshop CS6 中图像编辑的基本操作，主要包括调整图像文件大小、查看图像、图像填充与描边，以及移动、变换、缩放和复制粘贴图像等编辑操作。读者通过本章的学习能够熟练掌握图像编辑的相关操作，并能将其熟练运用到实践中。

2.1 调整图像

新建或打开图像后，有时需要对图像进行一些基本操作，比如调整图像大小、调整画布大小以及调整视图方向（即旋转图像）等，以便进行进一步处理。

2.1.1 调整图像大小

图像大小由宽度、长度、分辨率决定。在新建文件时，"新建"对话框右侧会显示当前新建后的文件大小。当图像文件创建完成后，如果需要改变其大小，可以选择【图像】/【图像大小】命令，然后在"图像大小"对话框中进行设置。

"图像大小"对话框中各选项含义如下。

🔷 "像素大小"/"文档大小"栏：通过在数值框中输入数值来改变图像大小。

🔷 "分辨率"数值框：通过在数值框中重设分辨率来改变图像大小。

🔷 "缩放样式"复选框：单击选中该复选框，可以保证图像中的各种样式（如图层样式等）按比例进行缩放。当单击选中"约束比例"复选框后，该选项才能被激活。

🔷 "约束比例"复选框：单击选中该复选框，在"宽度"和"高度"数值框后面将出现"链接"标识，表示改变其中一项设置时，另一项也将按相同比例改变。

🔷 "重定图像像素"复选框：单击选中该复选框可以改变像素的大小。

2.1.2 调整画布大小

使用"画布大小"命令可以精确地设置图像画布的尺寸大小。选择【图像】/【画布大小】命令，打开"画布大小"对话框，在其中可以修改画布的"宽度"和"高度"参数。

"画布大小"对话框中各选项含义如下。

🔷 "当前大小"栏：显示当前图像画布的实际大小。

🔷 "新建大小"栏：设置调整后图像的"宽度"和"高度"，默认为当前大小。如果设定的"宽度"和"高

度"大于图像的尺寸，Photoshop 则会在原图像的基础上增大画布面积；反之，则减小画布面积。

🔷 "相对"复选框 若单击选中该复选框，则"新建大小"栏中的"宽度"和"高度"表示的是在原画布的基础上增大或减小的尺寸（而非调整后的画布尺寸），正值表示增大尺寸，负值表示减小尺寸。

🔷 "定位"选项：单击不同的方格，可指示当前图像在新画布上的位置。

🔷 "画布扩展颜色"栏：在其后的下拉列表中可选择扩展画布后填充的预设颜色，也可单击下拉列表后的颜色块，在打开的"拾色器"对话框中自定义画布颜色。

2.1.3 旋转图像

旋转图像是指调整图像的显示方向，选择【图像】/【图像旋转】命令，在打开的子菜单中选择相应命令即可完成，旋转后的图像可满足用户的特殊要求。

各调整命令的作用如下。

- 180 度：选择该命令可将整个图像旋转 180 度。
- 90 度（顺时针）：选择该命令可将整个图像顺时针旋转 90 度。
- 90 度（逆时针）：选择该命令可将整个图像逆时针旋转 90 度。
- 任意角度：选择该命令，将打开下图所示的"旋转画布"对话框，在"角度"文本框中输入将要旋转的角度，范围为 –359.99 ~ 359.99，旋转的方向由"顺时针"和"逆时针"单选项决定。

- 水平翻转画布：选择该选项可水平翻转画布。

- 垂直翻转画布：选择该选项可垂直翻转画布。

技巧秒杀

显示全部图像

当在文档中置入较大的文件，或使用移动工具将一个较大的图像拖入到较小的文档中，由于画布较小，无法完全显示出图像，此时可选择【图像】/【显示全部】命令，Photoshop CS6将自动扩大画布，显示全部图像。

2.2 查看图像

掌握了图像调整的基本操作后，读者还应学会如何查看图像，包括使用缩放工具查看、使用抓手工具查看、使用导航器查看等，这样才能得心应手地随时检查图像处理效果。

2.2.1 使用缩放工具查看

使用缩放工具查看图像主要有以下两种方法。

- 在工具箱中单击缩放工具，将鼠标指针移至图像上需要放大的位置单击即可放大图像，按住【Alt】键可缩小图像。
- 在工具箱中单击缩放工具，然后在需要放大的图像位置按住鼠标左键不放，向下拖曳可放大图像，向上拖曳可缩小图像。

下图所示为缩放工具属性栏。

缩放工具属性栏中各功能介绍如下。

- "放大"按钮和"缩小"按钮：按下按钮后，单击图像可放大；按下按钮后，单击图像可缩小。
- "调整窗口大小以满屏显示"复选框：在缩放窗口的同时自动调整窗口的大小，使图像满屏显示。

- 🔷 "缩放所有窗口"复选框：同时缩放所有打开的文档窗口。
- 🔷 "细微缩放"复选框：单击选中该复选框，在图像中单击鼠标左键并向左或向右拖曳，可以以平滑的方式快速放大或缩小窗口。
- 🔷 "实际像素"按钮：单击该按钮，图像以实际像素（即 100%）的比例显示。
- 🔷 "适合屏幕"按钮：单击该按钮，可以在窗口中最大化显示完整的图像，双击抓手工具也可达到同样的效果。
- 🔷 "填充屏幕"按钮：单击该按钮，可在整个屏幕范围内最大化显示完整的图像。
- 🔷 "打印尺寸"按钮：单击该按钮，图像会以实际的打印尺寸显示。

2.2.2 使用抓手工具查看

　　使用工具箱中的抓手工具可以在图像窗口中移动图像。使用缩放工具放大图像，然后选择抓手工具，在放大的图像窗口中按住鼠标左键拖曳，可以随意查看图像。

2.2.3 使用导航器查看

　　选择【窗口】/【导航器】命令，打开"导航器"面板，其中显示当前图像的预览效果。按住鼠标左键左右拖曳"导航器"面板底部滑动条上的滑块，可实现图像显示的缩小与放大。在滑动条左侧的数值框中输入数值，可直接以显示的比例来完成缩放。

　　当图像放大超过 100% 时，"导航器"面板中的图像预览区中便会显示一个红色的矩形线框，表示当前视图中只能观察到矩形线框内的图像。将鼠标指针移动到预览区，此时鼠标指针变成 🖑 状，按住左键并拖曳，可调整图像的显示区域。

2.3 填充图像颜色

在 Photoshop 中，一般都是通过前景色和背景色、颜色面板、拾色器、吸管工具和油漆桶等方法来设置并填充图像颜色，为图像带来更多的创意。

2.3.1 设置前景色和背景色

系统默认背景色为白色。在图像处理过程中通常要对颜色进行处理，为了更快速地设置前景色和背景色，工具箱提供了用于颜色设置的前景色和背景色按钮。单击"切换前景色和背景色"按钮 ⤴，可以使前景色和背景色互换；单击"默认前景色和背景色"按钮 ▣，能将前景色和背景色恢复为默认的黑色和白色。

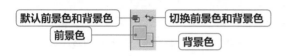

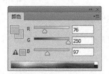

技巧秒杀

快捷键填充颜色

按【Alt + Delete】组合键可以填充前景色，按【Ctrl + Delete】组合键可以填充背景色，按【D】键可以恢复到默认的前景色和背景色。

2.3.2 使用"颜色"面板设置颜色

选择【窗口】/【颜色】命令或按【F6】键即可打开"颜色"面板，单击需要设置前景色或背景色的图标，拖曳右边的 R、G、B 三个滑块或直接在右侧的数值框中分别输入颜色值，即可设置需要的前背景色颜色。

2.3.3 使用"拾色器"对话框设置颜色

通过"拾色器"对话框可以根据用户的需要随意设置前景色和背景色。

单击工具箱下方的前景色或背景色图标，即可打开"拾色器"对话框。在对话框中拖曳颜色带上的三角滑块，可以改变左侧主颜色框中的颜色范围。单击颜色区域，即可选择需要的颜色，吸取后的颜色值将显示在右侧对应的选项中；也可直接在右侧的颜色值文本框中输入对应的颜色值，在左侧颜色列表中将自动选中相应的颜色，设置完成后单击"确定"按钮即可。

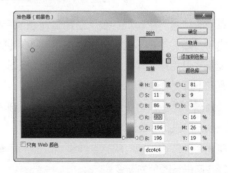

2.3.4 使用吸管工具设置颜色

吸管工具可以在图像中吸取样本颜色，并将吸取的颜色显示在前景色 / 背景色的色标中。选择工具箱中的吸管工具，在图像中单击，单击处的图像颜色将成为前景色。

在图像中移动鼠标指针的同时，"信息"面板中也将显示指针相对应的像素点的色彩信息，选择【窗口】/【信息】命令，可打开"信息"面板。

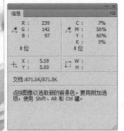

操作解谜

"信息"面板的作用

　　"信息"面板可以用于显示当前位置的色彩信息，并根据当前使用的工具显示其他信息。使用工具箱中的任何一种工具在图像上移动指针，"信息"面板都会显示当前指针下的色彩信息。

2.3.5 使用油漆桶填充颜色

　　油漆桶工具主要用于在图像中填充前景色或图案。若创建选区，填充区域为该选区；若没有创建选区，则填充与鼠标单击处颜色相近的封闭区域。右击渐变工具后选择油漆桶工具，其中工具属性栏各选项的含义如下。

- "前景"按钮：用于设置填充内容，包括"前景色"和"图案"两种方式。
- "模式"下拉列表框：用于设置填充内容的混合模式，将"模式"设置为"颜色"，则填充颜色时不会破坏图像原有的阴影和细节。
- "不透明度"下拉列表框：用于设置填充内容的不透明度。
- "容差"数值框：用于定义填充像素的颜色像素程度。低容差将填充颜色值范围内与鼠标单击点位置

的像素非常相似的像素；高容差则填充更大范围内的像素。
- "消除锯齿"复选框：单击选中该复选框，将平滑填充选区的边缘。
- "连续的"复选框：单击选中该复选框，将填充鼠标单击处相邻的像素，撤销选中可填充图像中所有相似的像素。
- "所有图层"复选框：选中该复选框将填充所有可见图层；撤销选中则填充当前图层。

2.3.6 使用渐变工具填充颜色

　　渐变工具可以创建各种渐变填充效果。单击工具箱中的渐变工具，其工具属性栏中各选项的含义如下。

- "渐变编辑器"下拉列表框：单击其右侧的 按钮将打开"渐变工具"面板，其中提供了 16 种颜色渐变模式供用户选择。单击面板右侧的 按钮，在打开的下拉列表中可以选择其他渐变集。
- "线性渐变"按钮 ：从起点（单击位置）到终点以直线方向进行颜色的渐变。
- "径向渐变"按钮 ：从起点到终点以圆形图案沿半径方向进行颜色的渐变。
- "角度渐变"按钮 ：围绕起点按顺时针方向进行颜色的渐变。
- "对称渐变"按钮 ：在起点两侧进行对称颜色的渐变。

- "菱形渐变"按钮 ：从起点向外侧以菱形方式进行颜色的渐变。
- "模式"下拉列表框：用于设置填充的渐变颜色与其下面的图像进行混合的方式，各选项与图层的混合模式作用相同。
- "不透明度"数值框：用于设置渐变颜色的透明程度。
- "反向"复选框：单击选中该复选框后产生的渐变颜色将与设置的渐变顺序相反。
- "仿色"复选框：单击选中该复选框可使用递色法来表现中间色调，使渐变更加平滑。
- "透明区域"复选框：单击选中该复选框可在下拉列表框中设置透明的颜色段。

2.3.7 | 实战案例——填充花朵图像

微课：填充花朵图像

下面尝试填充一个花朵图像，主要在"向日葵 .psd"图像基础上，通过设置前景色并利用"颜色"面板为图像填充颜色。制作该案例的关键是在"拾色器"对话框中设置颜色，然后对图像进行颜色填充。

| 素材：光盘 \ 素材 \ 第 2 章 \ 向日葵 .jpg |
| 效果：光盘 \ 效果 \ 第 2 章 \ 向日葵 .jpg |

STEP 1　选择油漆桶工具

❶启动 Photoshop CS6，打开"向日葵 .jpg"图像，在工具箱中选择油漆桶工具；❷单击工具箱中的"设置前景色"按钮。

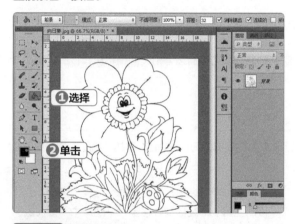

STEP 2　设置前景色

❶打开"拾色器（前景色）"对话框，在"#"文本框中输入"ffe506"；❷单击"确定"按钮。

STEP 3　填充花瓣颜色

❶返回图像窗口中，将鼠标移动到花瓣上，当鼠标指针变为形状时单击鼠标，填充前景色，并查看填充后的效果；❷用相同的方法，为其他花瓣填充颜色。

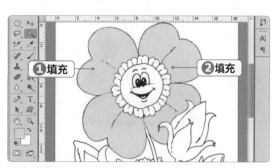

STEP 4　填充花心

❶设置前景色为"#e09305"；❷在上方的工具属性栏中，设置"容差"为"20"；❸在图像编辑区的花心处单击填充前景色。

STEP 5　填充花盘和叶子

设置前景色为"#973707"，在花盘上单击鼠标填充颜色。设置前景色为"#b8ce24"，填充叶子的颜色；设置前景色为"#0a8a1f"，填充树丛的颜色。

STEP 6 填充其他部分
设置前景色为"#ff005a"，填充瓢虫的颜色；设置前景色为"#eb2c47"，填充花骨朵儿的颜色。

STEP 7 填充背景颜色
设置背景色为"#d8e1e3"，使用相同的方法为背景填充颜色，并查看填充后的效果。

2.4 编辑图像

在 Photoshop 中，可对图像进行移动、变换、复制与粘贴、填充和描边等相关的编辑操作，从而实现图像处理的功能。

2.4.1 移动图像

使用移动工具可移动图层或选区中的图像，还可将其他文档中的图像移动到当前文档中。下面对常见的 3 种移动图像的操作进行介绍。

❖ 移动同一文档的图像：在"图层"面板中选择需要移动的图像所在的图层，在图像编辑区使用移动工具，单击鼠标左键并拖曳，即可将该图层中的图像移动到不同位置。

❖ 移动选区内的图像：若创建了选区，则将鼠标指针移至选区内，按住鼠标左键不放并拖曳，即可移动选区内对象的位置，按住【Alt】键拖曳可移动并复制图像。

❖ 移动到不同文档中：若打开两个或多个文档，选择移动工具，将鼠标指针移至一个图像中，按住鼠标左键不放并将其拖曳到另一个文档的标题栏，切换到该文档，继续拖曳到该文档的画面中再释放鼠标，即可将图像拖入该文档。

技巧秒杀

将背景图层转换为普通图层
打开图片时，默认为背景图层，背景图层的图像不能进行移动、变换等操作。此时可双击背景图层，在打开的对话框中单击"确定"按钮，将背景图层转换为普通图层再进行操作。

2.4.2 变换图像

变换图像是编辑处理图像经常使用的操作,它可以使图像产生缩放、旋转与斜切、扭曲、透视、变换和翻转等效果。

1. 定界框、中心点和控制点

选择【编辑】/【变换】命令,在打开的子菜单中可选择多种变换命令。变换命令可对图层、路径、矢量形状、所选的图像进行变换。

选择该命令时,在图像周围会出现一个定界框。定界框中央有一个中心点,拖曳它可调整其位置,用于确定变换时图像以进行变换的中心点;四周有 8 个控制点,可进行变换操作。

2. 缩放图像

选择【编辑】/【变换】/【缩放】命令,出现定界框,将鼠标指针移至定界框右下角的控制点上,当其变成 ⤡ 形状时,按住鼠标左键不放并拖曳,可放大或缩小图像,在缩小图像的同时按住【Shift】键,可保持图像的宽高比例不变。

3. 旋转图像

选择【编辑】/【变换】命令,然后在打开的子菜单中选择"旋转"命令,将鼠标指针移至定界框的任意一角上,当其变为 ↻ 形状时,按住鼠标左键不放并拖曳可旋转图像。

4. 斜切图像

选择【编辑】/【变换】命令,然后在打开的子菜单中选择"斜切"命令,将鼠标指针移至定界框的任意一角上,当其变为 ⊾ 形状时,按住鼠标左键不放并拖曳可斜切图像。

5. 扭曲图像

在编辑图像时,为了增添景深效果,常需要对图像进行扭曲或透视操作。选择【编辑】/【变换】命令,在打开的子菜单中选择"扭曲"命令,将鼠标指针移至定界框的任意一角上,当其变为 ▷ 形状时,按住鼠标左键不放并拖曳可扭曲图像。

6. 透视图像

选择【编辑】/【变换】命令,在打开的子菜单中选择"透视"命令,将鼠标指针移至定界框的任意一角上,当鼠标指针变为 ▷ 形状时,按住鼠标左键不放并拖曳可透视图像。

PART 02

7. 变形图像

选择【编辑】/【变换】/【变形】命令，图像中将出现由9个调整方格组成的调整区域，在其中按住鼠标左键不放并拖曳可变形图像。按住每个端点中的控制杆进行拖曳，还可以调整图像变形效果。

8. 翻转图像

在图像编辑过程中，如果需要使用对称的图像，可以对图像进行翻转。选择【编辑】/【变换】命令，在打开的子菜单中选择"水平翻转"或"垂直翻转"命令即可翻转图像。

2.4.3 图像自由变换

图像自由变换功能能够独立完成"变换"子菜单的各项命令操作，选择【编辑】/【自由变换】命令或按【Ctrl+T】组合键，进入自由变换状态，将在图像上显示8个控制点，可进行以下4种操作。

🔹 将鼠标指针移到控制点上并拖曳鼠标可调整图像大小，进行缩放。

🔹 将鼠标指针移到图像四周外部，当鼠标指针变为↰形状时，可旋转图像。

🔹 按住【Ctrl】键，拖曳控制点可进行扭曲翻转操作。

🔹 按【Ctrl+Shift】组合键，拖曳控制点可进行斜切操作。

2.4.4 内容识别缩放

Photoshop CS6对内容识别功能进行了强化，使用该功能进行图像缩放可获得特殊效果，使操作更方便、简单。选择【编辑】/【内容识别比例】命令，拖曳图像的控制点可对图像进行缩放。下图所示为普通缩放方式和内容识别方式缩放，其中，普通缩放方式的内容将跟随背景进行缩放；而使用内容识别功能进行缩放，背景图像大小改变，背景中的内容图像大小保持不变。

2.4.5 复制与粘贴图像

复制与粘贴图像指为整个图像或选择的部分区域创建副本，然后将图像粘贴到另一处或另一个图像文件中。使用选区工具选择要复制的图形，然后选择【编辑】/【拷贝】命令，切换到要粘贴图像的文档或图层中，选择【编辑】/【粘贴】命令即可。

2.4.6 填充和描边图像

在 Photoshop CS6 中除了可以使用渐变工具和油漆桶工具填充图形，还可以使用菜单命令对图像进行填充和描边。但在此之前，需要在图像中绘制选区，再进行操作。

1. 填充图像

"填充"命令主要用于对选择区域或整个图层填充颜色或图案。选择【编辑】/【填充】命令，打开"填充"对话框，其中参数介绍如下。

🔖 "使用"下拉列表框：在该下拉列表框中有多种填充方式，包括前景色、背景色、内容识别、图案、历史记录、黑色、50% 灰色、白色等。

🔖 "混合"栏：在该栏中可以分别设置填充模式及不透明度等。

在图像中创建一个选区。选择【编辑】/【填充】命令，打开"填充"对话框，在"使用"下拉列表框中选择"图案"选项，在"自定图案"下拉列表框中选择一种图案。单击"确定"按钮得到填充效果。

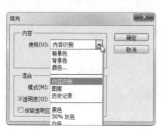

2. 描边图像

"描边"命令用于在用户选择的区域边界线上，用前景色进行笔画式的描边，其操作方法是在图像中创建一个选区，选择【编辑】/【描边】命令，打开"描边"对话框，设置描边宽度、颜色、位置，单击"确定"按钮即可得到描边效果。

2.4.7 实战案例——制作艺术画廊

"艺术画廊"即艺术品的展示走廊，在该走廊中，可以对不同国家的名人绘画进行展示，以帮助游客了解这些艺术品的历史背景与表现思想。在使用Photoshop CS6制作艺术画廊时，不但需要掌握图像处理的基本概念、打开文件和导入图像的方法，还需要对设置图像和画布的大小，以及图像的基本操作等进行掌握。

微课：制作艺术画廊

素材：光盘\素材\第2章\艺术画廊\
效果：光盘\效果\第2章\艺术画廊.psd

STEP 1　新建图像文件

启动Photoshop CS6，新建一个名称为"艺术画廊"、大小为800像素×600像素、颜色模式为Lab颜色的图像文件。

STEP 2　置入文件

选择【文件】/【置入】命令，打开"置入"对话框；在其中选择"艺术画廊.jpg"；单击"置入"按钮，即可将图像置入到新建的文件中。

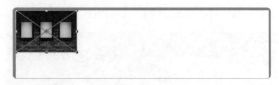

STEP 3　调整置入的文件

将鼠标指针移动到图像的右下角，当其呈双向箭头时，按住【Shift】键不放向右拖曳鼠标，等比例放大图像，使其与右侧的边线对齐；在工具箱中选择移动工具，

打开"要置入文件吗？"提示框，单击"置入"按钮，完成图像的置入操作。

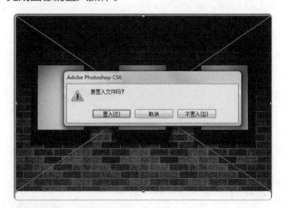

STEP 4　设置图像大小

❶按【Ctrl+Alt+I】组合键，打开"图像大小"对话框，在"像素大小"栏的"高度"文本框中输入"450"；❷单击选中"缩放样式""约束比例"和"重定图像像素"复选框；❸单击"确定"按钮。

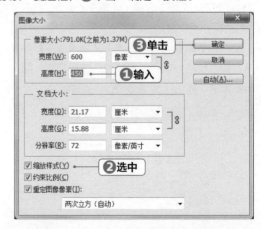

STEP 5 调整画布大小

❶按【Ctrl+Alt+C】组合键打开"画布大小"对话框；在"宽度"文本框右侧的下拉列表中选择"像素"选项；❷在"高度"文本框中输入"400"；❸在"定位"栏中单击上箭头，从下至上调整画布高度；❹单击"确定"按钮，确认画布的调整；❺打开提示框，单击"继续"按钮。

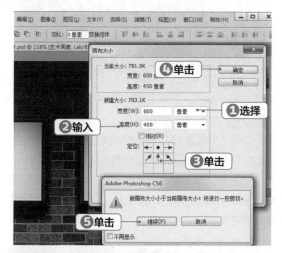

STEP 6 创建辅助参考线

❶按【Ctrl+R】组合键显示参考线，通过拖曳的方法为图像创建多条参考线；❷完成后选择【视图】/【标尺】命令隐藏标尺。

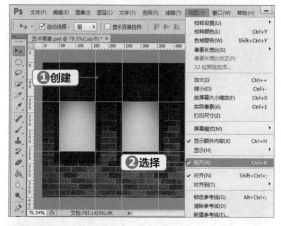

STEP 7 裁剪图像

❶打开"荷花.jpg"图像，然后在工具箱中选择裁剪工具，单击图像，此时图像周围将出现黑色的网格线和不同的控制点；❷将鼠标指针移动到图像下方中间的控制点，当其呈形状时，向上拖曳鼠标，剪切荷花中白色区域，此时被裁剪的区域将呈灰色显示。

STEP 8 裁剪其他区域

使用相同的方法，对右侧白色区域和上方的空白区域进行裁剪，完成后双击鼠标。

STEP 9 自定义裁剪

❶打开"枫叶.jpg"图像，选择裁剪工具；❷在工具属性栏的"不受约束"下拉列表中选择"大小和分辨率"选项；❸打开"裁剪图像大小和分辨率"对话框，在"宽度""高度"和"分辨率"文本框中分别输入"490""650"和"72"；❹单击"确定"按钮。

PART 02

STEP 10 裁剪其他区域

❶此时需要裁剪的图像四周将出现定义的裁剪框，按住鼠标左键不放，拖曳裁剪框中的图像可调整裁剪的区域，完成后选择移动工具；❷打开"要裁剪图像吗？"提示框，单击"裁剪"按钮，完成裁剪操作。

STEP 11 旋转图像

❶打开"晚霞.jpg"图像，选择【图像】/【图像旋转】/【任意角度】命令，打开"旋转画布"对话框，在"角度"文本框中输入"90"；❷单击选中"度（逆时针）"单选项；❸完成后单击"确定"按钮。

STEP 12 裁剪旋转后的图像

❶在工具箱中选择裁剪工具，保持默认的裁剪数据；❷选择移动工具；❸打开"要裁剪图像吗？"提示框，单击"裁剪"按钮，完成裁剪操作。

STEP 13 选择并移动图像

切换到"枫叶.jpg"图像窗口，在工具箱中选择移动工具，将其移动到"艺术画廊.jpg"图像窗口中。

STEP 14 变换枫叶图像

按【Ctrl+T】组合键，图像四周将显示定界框、中心点和控制点，将鼠标指针移动到图像右下角的控制点上，按住【Shift】键不放并向上拖曳图像，直到图像完全与参考线所构成的区域重合，完成后按【Enter】键确认变换。

STEP 15 变换其他图像

使用相同的方法将"荷花.jpg"和"晚霞.jpg"图像移动到"艺术画廊"图像中，并变换其大小，完成后保存文件即可。

2.5 撤销与重做

在 Photoshop 中若对已编辑的效果不满意，还可通过撤销操作重新编辑图像。若要重复某些操作，可通过相应的快捷键或组合键实现。

2.5.1 使用撤销与重做命令

在编辑和处理图像的过程中，发现操作失误后应立即撤销错误操作，然后重新操作。在 Photoshop 中主要可以通过下面两种方法来撤销错误操作。

* 按【Ctrl+Z】组合键可以撤销最近一次进行的操作，再次按【Ctrl+Z】组合键又可以重做被撤销的操作；每按一次【Ctrl+Alt+Z】组合键就可以向前撤销一步操作，每按一次【Ctrl+Shift+Z】组合键就可以向后重做一步操作。
* 选择【编辑】/【还原】命令可以撤销最近一次进行的操作，撤销后选择【编辑】/【重做】命令又可恢复该步操作，每选择一次【编辑】/【后退一步】命令就可以向前撤销一步操作，每选择一次【编辑】/【前进一步】命令就可以向后重做一步操作。

2.5.2 使用"历史记录"面板

在 Photoshop 中还可以使用"历史记录"面板恢复图像在某个阶段操作时的效果。选择【窗口】/【历史记录】命令，或在右侧的面板组中单击"历史记录"按钮即可打开历史记录面板。其中各选项含义如下。

* "设置历史记录画笔的源"按钮：使用历史记录画笔时，该图标所在的位置将作为历史画笔的源图像。
* 快照缩览图：被记录为快照的图像状态。
* 当前状态：将图像恢复到该命令的编辑状态。
* "从当前状态创建新文档"按钮：基于当前操作步骤中图像的状态创建一个新的文件。
* "创建新快照"按钮 基于当前的图像状态创建快照。
* "删除当前状态"按钮：选择一个操作步骤，单击该按钮可将该步骤及后面的操作删除。

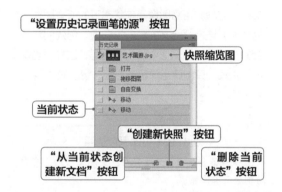

2.5.3 使用快照还原图像

"历史记录"面板默认只能保存 20 步操作，若执行了许多相同的操作，在还原时将没有办法区分哪一步操作是需要还原的状态，此时可通过以下方法解决该问题。

1. 增加历史记录保存数量

选择【编辑】/【首选项】/【性能】命令，打开"首选项"对话框，在"历史记录状态"的数值框中可设置历史记录的保存数量。但将历史记录保存数量设置得越多，占用的内存也越多。

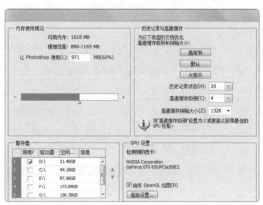

2. 设置快照

在将图像编辑到一定程度时，单击"历史记录"面板中的"创建新快照"按钮，可将当前画面的状态保存为一个快照。此后，无论再进行多少步操作，都可以通过单击快照将图像恢复为快照所记录的效果。

在"历史记录"面板中选择一个快照，再单击该面板下方的"删除当前状态"按钮，即可删除快照。

在"历史记录"面板中单击要创建为快照状态的记录，然后按住【Alt】键不放单击"创建新快照"按钮，打开"新建快照"对话框。在其中也可新建快照，并可设置快照选项。

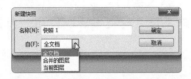

"新建快照"对话框中各选项的含义介绍如下。

🔹 "名称"文本框：可输入快照的名称。

🔹 "自"下拉列表框：可选择创建快照的内容。选择"全文档"选项，可将图像当前状态下的所有图层创建为快照；选择"合并的图层"选项，创建的快照会合并当前状态下图像中的所有图层；选择"当前图层"选项，只创建当前状态下所选图层的快照。

操作解谜

为什么不自动保存快照

快照不会与文档一起保存，关闭文档后，会自动删除所有快照。

3. 创建非线性历史记录

当选择"历史记录"面板中的一个操作步骤来还原图像时，该步骤以下的步骤将全部变暗，如果此时进行其他操作，则该步骤后面的记录会被新操作代替。而非线性历史记录允许在更改选择的状态时保留后面的操作。

在"历史记录"面板中单击██按钮，在打开的列表中选择"历史记录选项"选项，打开"历史记录选项"对话框，单击选中"允许非线性历史记录"复选框，即可将历史记录设置为非线性的状态。

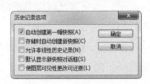

"历史记录选项"对话框中各参数介绍如下。

🔹 "自动创建第一幅快照"复选框：打开图像文件时，图像的初始状态自动创建为快照。

🔹 "存储时自动创建新快照"复选框：在编辑的过程中，每保存一次文件，都会自动创建一个快照。

🔹 "默认显示新快照对话框"复选框：强制Photoshop提示操作者输入快照名称，使用面板上的按钮时也是如此。

🔹 "使图层可见性更改可还原"复选框：保存对图层可见性的更改。

边学边做

1. 为手机壳图案填充颜色

打开"图样 .jpg"图像，为图样的不透明部分填充不同的纯色，最后打开"手机壳促销页面 .jpg"图像，将"图样"图像移动到手机壳图像中，在手机壳上添加图案。

提示如下。

🔹 打开"图样 .jpg"图像，选择油漆桶工具，在工具属性栏中设置填充模式为"前景"。

🔹 在"颜色"面板中设置前景色为"#80c269"。

🔹 使用鼠标在卡通驴和 G、A 字母上单击填充绿色。

🔹 使用相同的方法填充其他字母和图形，颜色分别为"#fff100"和"#c463ff"。

打开"手机壳促销页面 .jpg"图像，使用移动工具将"图样"图像移动到其中，并通过自由变换操作调整到合适大小，然后在"图层"面板设置图层混合模式为"线性加深"，保存文件即可。

2. 制作海报

根据提供的素材文件制作一张海报，主要涉及移动图像、复制与粘贴图像、调整图像大小等操作。

提示如下。

💠 打开"背景 .jpg"和"剪影素材 .psd"素材文件，在"剪影素材"文档的"图层"面板中选择"图层 1"图层，将"图层 1"的图像移动到"背景"图像中，并移动到下方。

💠 在"剪影素材"文档的"图层"面板中按住【Ctrl】键并单击"图层 2"图层的缩略图，然后选择【编辑】/【拷贝】命令，将图像内容复制并粘贴到"背景"图层中。

💠 使用变换命令调整图像的大小和位置。使用相同方法，将"剪影素材"图像中的"图层 3"和"图层 4"图层中的图像复制到"背景"图层中，并调整大小和位置。

💠 在"背景"文件的"图层"面板中，按住【Ctrl】键不放，单击"图层 1"缩略图，创建选区，按【Delete】键删除选区内的图形。

💠 选择【编辑】/【描边】命令，设置描边"宽度"为"3px"，颜色为"R;0,G:255,B:0"。

💠 按【Ctrl+D】组合键取消选区。使用同样的方法分别设置"图层 2""图层 3""图层 4"图层中内容选区，删除内容并进行描边。

高手竞技场

1. 制作人物拼图

打开提供的素材文件"拼图 .jpg"，对素材进行编辑，要求如下。

- 新建一个 800 像素 ×600 像素的空白图像文件，打开"拼图 .jpg"素材，对其进行裁剪。
- 将其等分为 9 份，并将其中的 8 份移动到新建的图像中。
- 对图像的位置进行排列，使中间的部分保留空白。

2. 制作女鞋海报

打开"女鞋海报背景 .jpg"图像，使用"填充"命令，为其中的白色和黑色矩形填充不一样的颜色，使其与背景更加匹配，完成后添加文字和相关素材，使海报更加完整。

03 Chapter
第 3 章

创建和编辑选区

/ 本章导读

本章将详细讲解 Photoshop CS6 创建和编辑选区的功能，对各个选区工具的使用方法和使用技巧进行细致的说明。读者通过本章的学习能够熟练掌握选区的操作技巧，并可运用 Photoshop CS6 的选区功能制作具有不同效果的图像。

3.1 创建选区

使用 Photoshop 进行图像处理时，为了方便操作可先创建选区，这样图像编辑操作将只对选区内的图像区域有效。在 Photoshop 中创建选区一般通过各种选区工具来完成，比如选框工具、套索工具、魔棒工具、快速选择工具以及"色彩范围"菜单命令等。

3.1.1 使用选框工具创建选区

选框工具包括矩形选框工具、椭圆选框工具、单行选框工具、单列选框工具，主要用于创建规则的选区。将鼠标指针移动到工具箱的"矩形选框工具"按钮■上，单击鼠标右键或按住鼠标左键不放，此时将打开该工具组，在其中选择需要的工具即可。

1. 使用矩形选框工具创建

矩形选框工具适用于创建外形为矩形的规则选区，矩形的长和宽可以根据需要任意控制，还可以创建具有固定长宽比的矩形选区。选择矩形选框工具后，在相应的工具属性栏中可以进行羽化和样式等设置。

矩形选框工具属性栏中各选项含义介绍如下。

🔷 **■■■■按钮组**：用于控制选区的创建方式，选择不同的按钮将进入不同的创建类型。■表示创建新选区，■表示添加到选区，■表示从选区减去，■表示与选区交叉。

🔷 **"羽化"数值框**：通过该数值框可以在选区的边缘产生一个渐变过渡，达到柔化选区边缘的目的。取值范围为 0~255 像素，数值越大，像素化的过渡边界越宽，柔化效果也越明显。

🔷 **"样式"下拉列表框**：在其下拉列表中可以设置矩形选框的比例或尺寸，有"正常""固定比例""固定大小"3 个选项。选择"固定比例"或"固定大小"时可激活"宽度"和"高度"文本框。

🔷 **"消除锯齿"复选框**：用于消除选区锯齿边缘，使用矩形选框工具时不能使用该选项。

🔷 **"调整边缘"按钮**：单击该按钮，可以在打开的"调整边缘"对话框中定义边缘的半径、对比度、羽化程度等，可以对选区进行收缩和扩充操作；另外还有多种显示模式可选。

要绘制矩形选区应先在工具属性栏中设置好参数，并将鼠标指针移动到图像窗口中，按住鼠标左键拖曳，即可创建矩形形状的选区。在创建矩形选区时按住【Shift】键，则可创建正方形形状的选区。

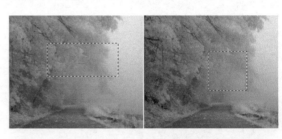

2. 使用椭圆选框工具创建

选择工具箱中的椭圆选框工具，然后在图像上按住鼠标左键不放并拖曳，即可绘制椭圆形选区。按住【Shift】键进行拖曳，同样可以绘制出圆形选区。

3. 单行、单列选框工具

当用户在 Photoshop CS6 中绘制表格式的多条平行线或制作网格线时，使用单行选框工具和单列选框工具会十分方便。在工具箱中选择单行选框工具或单列选框工具，在图像上单击，即可创建一个宽度为 1 像素的行或列选区。

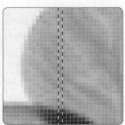

3.1.2 | 使用套索工具创建选区

套索工具用于创建不规则选区。套索工具组主要包括套索工具、多边形套索工具、磁性套索工具。套索工具组的打开方法与矩形选框工具组的打开方法一致。

1. 使用套索工具创建

套索工具主要用于创建不规则选区。在工具箱中选择套索工具，在图像中按住鼠标左键不放并拖曳，完成选择后释放鼠标，绘制的套索线将自动闭合成为选区。

2. 使用多边形套索工具创建

多边形套索工具主要用于边界多为直线或边界曲折的复杂图形的选择。在工具箱中选择多边形套索工具，在图像中单击创建选区的起始点，然后沿着需要选取的图像区域移动鼠标指针，并在转折点单击鼠标左键，此点即可作为多边形的一个顶点。当回到起始点时，鼠标指针右下角将出现一个小圆圈，单击即可生成选区。

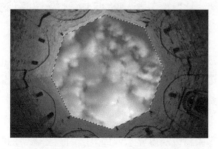

3. 使用磁性套索工具创建

磁性套索工具适用于在图像中沿图像颜色反差较大的区域创建选区。在工具箱中选择磁性套索工具后，按住鼠标左键不放，沿图像的轮廓拖曳，系统自动捕捉图像中对比度较大的图像边界并自动产生节点，当到达起始点时单击即可完成选区的创建，还可将创建的选区融合到其他背景中。

技巧秒杀

删除多余的节点

在使用磁性套索工具创建选区的过程中，可能会由于鼠标指针未移动恰当从而产生多余的节点，此时可按【Backspace】键或【Delete】键删除最近创建的磁性节点，然后从删除节点处继续绘制选区。

3.1.3 | 使用魔棒工具创建选区

魔棒工具用于选择图像中颜色相似的不规则区域。在工具箱中选择魔棒工具，然后在图像中的某点上单击，即可将该图像附近颜色相同或相似的区域选取出来。其工具属性栏如下图所示。

魔棒工具属性栏中各主要选项含义如下。

❖ "容差"数值框：用于控制选定颜色的范围，值越大，颜色区域越广。

❀ "连续"复选框：单击选中该复选框，则只选择与单击点相连的同色区域；撤销选中该复选框，整幅图像中符合要求的色域将全部被选中。

❀ "对所有图层取样"复选框：当单击选中该复选框并在任意一个图层上应用魔棒工具时，所有图层上与单击处颜色相似的地方都会被选中。

3.1.4 使用快速选择工具创建选区

快速选择工具是魔棒工具的快捷版本，可以不用任何快捷键进行加选，在快速选择颜色差异大的图像时会非常直观、快捷。其属性栏中包含新选区、添加到选区、从选区减去3种模式。使用时按住鼠标左键不放可拖曳选择区域，其操作如同绘画。

3.1.5 使用"色彩范围"菜单命令创建选区

"色彩范围"命令是从整幅图像中选取与指定颜色相似的像素，比魔棒工具选取的区域更广。选择【选择】/【色彩范围】命令，打开"色彩范围"对话框，其中各主要选项含义如下。

❀ "选择"下拉列表框：用于选择颜色，也可通过图像的亮度选择图像中的高光、中间调、阴影部分。用户可用拾色器在图像中任意选择一种颜色，然后根据容差值来创建选区。

❀ "颜色容差"数值框：用于调整颜色容差值的大小。

❀ "选区预览"下拉列表框：用于设置预览框中的预

览方式，包括"无""灰度""黑色杂边""白色杂边""快速蒙版"5种预览方式，用户可以根据需要自行选择。

❀ "选择范围"单选项：单击选中该单选项后，在预览区中将以灰度显示选择范围内的图像，白色表示被选择的区域，黑色表示未被选择的区域，灰色表示选择的区域为半透明。

❀ "图像"单选项：单击选中该单选项后，在预览区内将以原图像的方式显示图像的状态。

❀ "反相"复选框：单击选中该复选框后可实现预览图像窗口中选择区域与未选择区域之间的相互切换。

❀ 吸管工具 ✐ ✐ ✐：✐工具用于在预览图像窗口中单击选择颜色，✐、✐工具分别用于增加和减少选择的颜色范围。

3.1.6 实战案例——设计画册版式

本例将新建名为"画册版式"的图像文件，使用多边形套索工具创建不规则的几何选区，以此裁剪素材图片，形成风格独特的画册版式，其具体操作步骤如下。

微课：设计画册版式

素材：光盘\素材\第3章\画册风景\	
效果：光盘\效果\第3章\画册版式.psd	

STEP 1　选择菜单命名

❶新建大小为794像素×1077像素、名称为"画册版式.psd"的图像文件；❷将背景色设置为"#dedace"，按【Alt+Delete】组合键将选区填充为黄色；❸为了使绘制的选区更加精确，可拖曳标尺创建参考线。

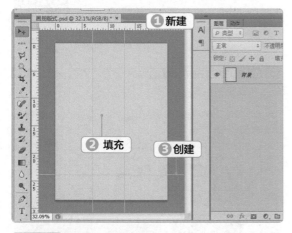

STEP 2　创建不规则选区

❶在文件中添加"秋景1.jpg"素材文件，调整素材的大小与位置；❷选择多边形套索工具；❸在素材所在图层上单击鼠标绘制选区，当单击起点时，即可完成不规则选区的绘制。

操作解谜

使用多边形套索工具绘制直线的技巧

在使用多边形套索工具创建选区时，按【Shift】键可以在水平方向、垂直方向或45°方向上绘制直线。

STEP 3　反选选区并删除选区中的内容

保持选区的选择状态，按【Ctrl+Shift+I】组合键反选选区，按【Delete】键删除选区中的图像。

STEP 4　使用多边形套索工具裁剪其他素材图片

添加"秋景2~4.jpg"素材文件，然后使用多边形套索工具创建选区，使用相同的方法裁剪其他素材图片。

第**3**章　创建和编辑选区

45

操作解谜

一次性绘制多个选区技巧

　　默认情况下，使用选区工具绘制选区，一次只能绘制一个选区。若在工具属性栏中单击"添加到选区"按钮 █，可一次性在图像上绘制多个选区。

STEP 5　添加文本

添加"文字 .psd"素材文件中的文本，并调整位置与大小，保存文件后，完成画册版式效果的制作。

3.1.7　实战案例——合成唯美艺术照

　　打开"蝴蝶美女 .jpg"图像，使用快速选择工具快速为背景创建选区，然后添加唯美背景，其具体操作步骤如下。

微课：合成唯美艺术照

素材：光盘 \ 素材 \ 第 3 章 \ 蝴蝶美女 .jpg、梦幻背景 .jpg

效果：光盘 \ 效果 \ 第 3 章 \ 唯美艺术照 .psd

STEP 1　加选选区

❶打开"蝴蝶美女 .jpg"图像，按【Ctrl+J】组合键，复制图层，在工具箱中选择快速选择工具；❷在工具属性栏中单击"添加到选区"按钮 █；❸使用鼠标从图像的左下方向上方拖曳，最后从右上方拖曳到右下方，为背景创建选区。

STEP 2　减选选区

❶此时发现人物的头部与肩部颜色较浅的区域也被选中，在工具属性栏中单击"从选区中减去"按钮 █；❷按住【Alt】键滚动鼠标滚轮，放大显示图像；

❸在工具属性栏中设置画笔大小为"7"；❹拖曳或单击不需要的区域。

操作解谜

快速选择工具的属性设置

　　"画笔"选择器：可设置画笔的大小、硬度、间距等；"自动增强"复选框：单击选中该复选框，将增加选取范围边界的细腻感。

STEP 3　羽化选区并删除选区背景

❶按【Shift+F6】组合键打开"羽化选区"对话框，设置羽化半径为"0.5"像素；❷单击"确定"按钮；❸按【Delete】键删除选区中的背景。

STEP 4 添加梦幻背景

❶使用移动工具将"梦幻背景.jpg"图像移动到"蝴蝶美女"图像中，调整大小与位置，移动图层到人物图层的下方；❷选择裁剪工具，拖曳裁剪两边，使其适合背景图像大小，按【Enter】键完成裁剪。

STEP 5 设置外发光效果

❶双击人物所在图层，打开"图层样式"对话框，单击选中"外发光"复选框；❷设置发光颜色为"#f742ff"；❸设置混合模式为"柔光"；❹设置不透明度为"100%"；❺在"图素"栏中设置大小为"85"像素；❻单击"确定"按钮。

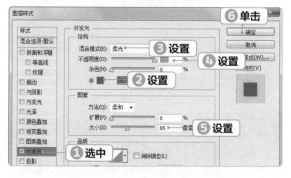

STEP 6 增加图像的鲜艳度

❶按【Ctrl+M】组合键打开"曲线"对话框，单击曲线左下部分，添加一个控制点，向下拖曳控制点，增加图像颜色的浓度；❷单击"确定"按钮。

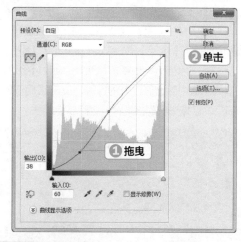

STEP 7 查看效果

返回工作界面查看图像合成效果，保存文件完成本例的制作。

3.2 调整与编辑选区

　　当绘制的选区不能满足对图片处理的要求时，可进行调整与编辑，如全选和反选选区、移动、修改、变换、存储和载入选区等操作。

3.2.1 | 调整选区的基本方法

当用户在图像中创建图像选区范围后，可以对选区进行调整，如调整其选择范围和位置。下面介绍调整选区的基本方法。

1. 全选和反选选区

在一幅图像中，若需要选择整幅图像的选区，可以选择【选择】/【全部】命令或按【Ctrl + A】组合键。选择【选择】/【反向】命令或按【Ctrl+Shift+I】组合键，可以选择图像中除选区以外的区域。反选常用于对图像中复杂的区域进行间接选择或删除多余背景。

3. 变换选区修改范围

使用矩形或椭圆选框工具往往不能一次性准确地框选需要的范围，此时可使用"变换选区"命令对选区实施自由变形，不会影响选区中的图像。绘制好选区后，选择【选择】/【变换选区】命令，选区的边框上将出现 8 个控制点。

当鼠标指针在选区内时，将变为▶形状，按住鼠标左键不放并拖曳可移动选区。将鼠标指针移到控制点上，按住鼠标左键不放并拖曳控制点可以改变选区的尺寸大小。完成后按【Enter】键确定操作，按【Esc】键可以取消操作，取消后选区恢复到调整前的状态。

2. 移动选区

在图像中创建选区后，选择选框工具，然后将鼠标指针移动到选区内，按住鼠标左键不放并拖曳，即可移动选区的位置。使用→、←、↑、↓方向键可以进行微移。

3.2.2 | 编辑选区

在图像中创建选区范围后，除了可对选区进行基本调整外，用户还可以编辑选区，通过编辑操作得到所需效果，然后应用到实际案例中。

1. 修改边界

选择【选择】/【修改】/【边界】命令，打开"边界选区"对话框。在"宽度"数值框中输入数值，单击"确定"按钮即可在原选区边缘的基础上向内和向外进行扩展。

2. 平滑选区

选择【选择】/【修改】/【平滑】命令，打开"平滑选区"对话框。在"取样半径"数值框中输入数值，可使原选区范围变得连续而平滑。

PART 03

3. 扩展与收缩选区

选择【选择】/【修改】/【扩展】命令，打开"扩展选区"对话框。在"扩展量"数值框中输入数值，单击"确定"按钮将选区扩大；选择【选择】/【修改】/【收缩】命令，打开"收缩选区"对话框。在"收缩量"数值框中输入数值，单击"确定"按钮将选区缩小。

4. 羽化选区

羽化是图像处理中常用到的一种效果。羽化效果可以在选区和背景之间创建一条模糊的过渡边缘，使选区产生"晕开"的效果。选择【选择】/【修改】/【羽化】命令，或按【Shift + F6】组合键打开"羽化选区"对话框，在"羽化半径"数值框中输入数值，单击"确定"按钮即可完成选区的羽化。羽化半径值越大，得到的选区边缘越平滑。

3.2.3 存储和载入选区

创建好的选区可进行存储操作，在下次需要时直接将其载入，即可创建相同的选区。

1. 存储选区

选择【选择】/【存储选区】命令或在选区上单击鼠标右键，在弹出的快捷菜单中选择"存储选区"命令，打开"存储选区"对话框。

"存储选区"对话框中各选项含义如下。

❖ "文档"下拉列表框：用于选择在当前文档创建新的 Alpha 通道还是创建新的文档，并将选区存储为新的 Alpha 通道。

❖ "通道"下拉列表框：用于设置保存选区的通道，

在其下拉列表中显示了所有的 Alpha 通道和"新建"选项。

❖ "操作"栏：用于选择通道的处理方式，包括"新建通道""添加到通道""从通道中减去""与通道交叉"4 个选项。

2. 载入选区

选择【选择】/【载入选区】命令，打开"载入选区"对话框。在"通道"下拉列表中选择存储选区时输入的通道名称，单击"确定"按钮即可载入该选区。

3.2.4 实战案例——制作"墙壁中的手"特效

"墙壁中的手"特效是一种广告展示效果，该效果主要将"手"图像中的内容移动到"墙壁"图像中，并为图像中的手形创建选区，通过对选区进行羽化、旋转等操作，使选区内容融合于图像，最后将文字以选区的形式载入图像中，增加图像的立体效果。下面通过案例的制作介绍编辑选区的具体方法。

微课：制作"墙壁中的手"特效

素材：光盘\素材\第3章\墙壁中的手\
效果：光盘\效果\第3章\墙壁中的手.psd

STEP 1　新建图层

❶打开"手.jpg"图像；❷在"图层"面板的"背景"图层上双击鼠标，打开"新建图层"对话框；❸保持图层中的设置默认不变，单击"确定"按钮。

操作解谜

新建图层的原因

　　这里的新建图层操作是将"背景"图层转换为一般图层，以便在进行清除选区内容的操作时，使选区中的内容变为透明。

STEP 2　创建选区

在工具箱中选择磁性套索工具，在图像中的手边缘拖曳鼠标创建选区，然后按【Ctrl+Shift+I】组合键反选选区。

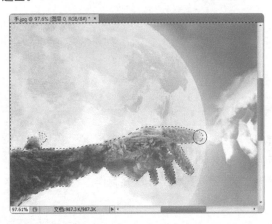

STEP 3　平滑选区

❶选择【选择】/【修改】/【平滑】命令，打开"平滑选区"对话框，在"取样半径"数值框输入"3"像素；❷单击"确定"按钮；❸返回图像编辑窗口即可查看图像的过渡部分已经变得平滑。

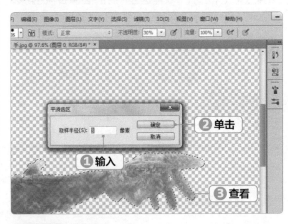

STEP 4　羽化选区

❶按【Shift+F6】组合键，打开"羽化选区"对话框，在"羽化半径"数值框输入"12"像素；❷单击"确定"按钮；❸返回图像编辑窗口即可查看图像的边缘已经得到羽化。

技巧秒杀

羽化数值的设置方法

　　羽化半径的值越大，选区边缘将越平滑。在设置时，需要根据选区与被框选部分的间隙选择一个合适的值进行调整。

STEP 5　移动选区

将鼠标指针移动到"手"选区范围内，鼠标指针标将变为形状，按住鼠标左键不放并向上拖曳，可移动选区的位置。在拖曳过程中，按住【Shift】键不放可使选区沿水平、垂直或45°斜线方向移动。

技巧秒杀

变换选区与变换的区别

变换选区只是对选区进行变换，对图像没有影响；而变换主要是针对图像进行变换，在变换时不仅变换选区，还变换整个图像。

STEP 8 创建选区

❶打开"墙壁.jpg"图像，在工具箱中选择魔棒工具；❷将鼠标移动到图像中间的黑色部分并单击，将图像中间的黑色区域创建为选区。

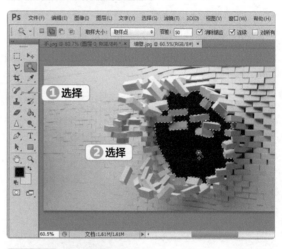

STEP 6 变换选区

❶选择【选择】/【变换选区】命令，此时，手的选区周围将出现一个矩形控制框，将鼠标移至控制框上任意一个控制点上；❷当鼠标指针变为↕形状时拖曳鼠标调整选区大小，然后按【Enter】键确认。

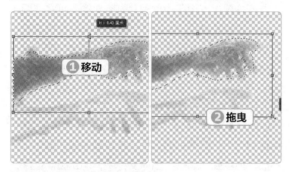

STEP 7 放大图像与旋转

❶按【Ctrl+T】组合键进入自由变换状态，将鼠标移动到右下角的控制点上，按住【Shift】键不放，放大图像；❷将鼠标指针移至右下角控制点附近，当其变为⤵形状后，拖曳鼠标将图像按顺时针方向旋转，完成后按【Enter】键即可。

STEP 9 选择黑色区域

❶选择【选择】/【选取相似】命令；❷此时查看到所有黑色区域已被选中。

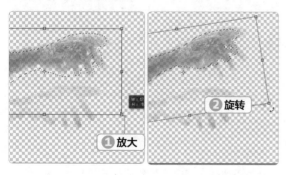

STEP 10 新建图层

❶在"图层"面板的"背景"图层上双击鼠标，打开"新建图层"对话框；❷保持默认设置不变，单击"确定"按钮。

STEP 11 删除选区背景

返回图像编辑窗口，按【Delete】键删除选区中的黑色背景，使选区中的内容变为透明，然后按【Ctrl+D】组合键取消选区。

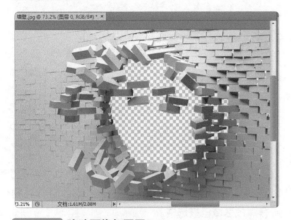

STEP 12 移动图像与图层

❶打开"手.jpg"图像，选择移动工具；❷将鼠标移动到图像上，将其拖曳到"墙壁.jpg"图像中；❸在"图层"面板中将"图层1"拖曳到"图层0"的下方。

STEP 13 使用键盘移动图像的位置

选择移动后的图像，按【↑】、【↓】、【←】和【→】键移动图像，查看移动后的效果。

技巧秒杀

对齐图像的方法

若不确定上下图层中的图片是否对齐，可在"图层"面板中单击"图层0"前面的眼睛按钮隐藏墙壁图层；确认对齐后再次单击眼睛按钮即可对图层进行显示，其具体方法将在第5章讲解。

STEP 14 移动并放大其他图像

按【Ctrl+T】组合键，对"图层1"图像进行放大和旋转。切换到"手"变换后的选区，在选区中按住鼠标左键不放，拖曳到"墙壁"图像文件中，调整图像位置，完成后按【Ctrl+D】组合键取消选区。

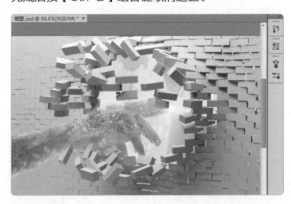

技巧秒杀

调整位置的技巧

在调整图像位置时，注意手与手要重合，不然将出现两只手，影响美观。

STEP 15 创建文字选区

❶打开"文字.jpg"图像，在工具箱中选择魔棒工具；
❷移动鼠标到图像编辑窗口中，单击窗口中的白色区域，创建选区；❸选择【选择】/【反向】命令反选选区，创建文字选区。

STEP 16 存储选区

❶选择【选择】/【存储选区】命令，打开"存储选区"对话框，在"文档"下拉列表框中选择存储选区的目标文档为"文字.jpg"；❷在"通道"下拉列表框中选择存储的通道为"新建"；❸在"名称"文本框中输入选区的名称为"文字"；❹单击"确定"按钮。

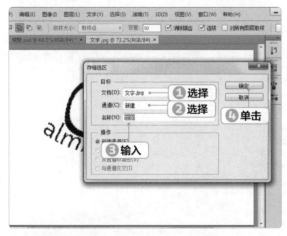

STEP 17 载入选区

❶切换到"墙壁.jpg"图像窗口，选择【选择】/【载入选区】命令，打开"载入选区"对话框，在"文档"下拉列表框中选择选区所在的文档为"文字.jpg"；❷在"通道"下拉列表框中选择需要载入的选区为"文字"；❸单击"确定"按钮载入选区。

STEP 18 拖曳并旋转选区

选择【选择】/【变换选区】命令，选择移动工具，将选区移动到背景的左上方，然后将鼠标指针移动到控制柄上，当其变为 ▶ 形状时，拖曳鼠标调整文字选区的位置，完成后继续将鼠标指针移动到控制柄上，当鼠标变为 ↻ 形状时，旋转文字选区。

STEP 19 填充选区

❶选择【编辑】/【填充】命令，打开"填充"对话框，在"使用"下拉列表框中选择"50%灰色"选项；❷单击"确定"按钮填充选区。

STEP 20 再次载入并调整选区

选择【选择】/【载入选区】命令，再次载入"文字"选区。然后选择【选择】/【变换选区】命令，调整选区的位置并旋转选区，使该选区置于前面文字的上方。

STEP 21 再次填充选区

❶选择【编辑】/【填充】命令，打开"填充"对话框，在"使用"下拉列表框中选择"前景色"选项；❷单击"确定"按钮填充选区。

STEP 22 完成制作

查看填充颜色后的效果，并将其以"墙壁中的手 .psd"为名进行保存，完成图片的制作。

技巧秒杀

显示与隐藏选区

需要查看图片整体效果时，可按【Ctrl+H】组合键隐藏选区。如果选区仍然存在，再次按【Ctrl+H】组合键，可重新显示选区。

边学边做

1. 制作店铺横幅广告

为闹钟店制作一个横幅广告。该店铺主要销售各类挂钟、座钟，要求画面干净整洁，店铺整体装修偏向文艺清爽风格。主要涉及创建选区、编辑选区等知识。

提示如下。

- 新建一个 1920 像素 ×600 像素的图像文件，填充为黑色，打开"房间 .psd"图像文件，在其中利用多边形套索工具和磁性套索工具等创建相关图像选区，选择床、桌子、闹钟图像。
- 将选择的图像复制到新建的图像文件中，通过自由变换将其大小调整到合适位置。打开"背景 .jpg"图像，将其移动到图像文件中，然后新建一个图层，将其移动到背景图像上方，在闹钟位置创建一个矩形选区，自由变换选区，然后羽化选区，并填充为灰色。

🔷 使用相同的方法为床和桌子图像创建选区，使其呈现靠墙的阴影效果。

🔷 新建一个图层，设置前景色为白色，使用渐变工具，设置前景色的透明参数，然后再在右上角进行渐变色填充，制作光照效果。完成后将"房间.psd"图像文件中的文字图层复制到图像中，并调整到合适位置。

2. 制作洗发水主图

打开"洗发水.jpg"图像，通过创建选区、移动与变换选区等功能制作淘宝主图。

提示如下。

🔷 新建像素大小为 800×800、名称为"洗发水主图"的文件，按【Alt+Delete】组合键将选区填充为黑色。新建图层 1，使用画笔工具绘制页面大小的白色柔边圆，设置图层填充为"35%"；新建图层 2，使用矩形框选工具在页面下方绘制矩形，按【Alt+Delete】组合键将选区填充为黑色。

🔷 打开"洗发水.jpg"图像，为其创建选区，并使用移动工具将选区直接拖曳到"洗发水主图"图像窗口中。

🔷 添加"头像.jpg"图像中的美女头像，并对其大小和角度进行编辑。

🔷 按【Alt】键单击瓶子所在图层的缩略图，载入选区；按【Alt】键移动并复制选区到左下角，得到两个洗发水瓶子的效果，然后调整瓶子的摆放位置。

🔷 打开"主图文本.psd"图像，将文本与标签内容拖曳到图像窗口中，调整各元素的位置与大小，保存文件。

 高手竞技场

1. 制作巧克力广告

打开"红裙子.jpg"和"巧克力.jpg"图像文件，将"红裙子.jpg"抠取出来拖曳到"巧克力.jpg"中，要求如下。

🔶　打开图像文档。

🔶　使用魔棒工具选择"人物"图像。

🔶　将选区内的图像移动到另一图像中。

🔶　变换选区旋转图像，并调整图像大小。

2. 更换乐器背景

打开"背景 .jpg""乐器 .jpg"图像文件，将"乐器 .jpg"添加到"背景 .jpg"中，要求如下。

🔶　利用魔棒工具选择乐器图像，并调整选择的区域。

🔶　将抠取的图像拖曳到"背景 .jpg"图像窗口中，并调整乐器的位置。

04Chapter

第4章

绘制和修饰图像

/ 本章导读

Photoshop 具有强大的绘图功能，通过画笔、铅笔工具可以绘制出自然生动的图画，同时对于效果不佳的图像则可使用修复工具和图章工具修复润饰图像，使其更加美观，最后还可使用橡皮擦工具擦除图像或抠取图像。本章将详细讲解在 Photoshop CS6 中绘制和修饰图像的相关操作。读者通过本章的学习能够熟练使用相关工具绘制图像，并能对图像进行修复、润饰和擦除处理等。

4.1 绘制图像

　　Photoshop 的图像处理功能非常强大，多数设计师常采用在 Photoshop 中绘制图像的方式来完成一些特殊图像效果的制作。Photoshop 的绘图工具比较多，本节主要讲解使用画笔工具、铅笔工具等绘图工具绘制图像的方法。

4.1.1 画笔工具

　　画笔工具是图像处理过程中使用最频繁的绘制工具，常用来绘制边缘较柔和的线条。它可以绘制类似毛笔画出的线条效果，也可以绘制具有特殊形状的线条效果。Photoshop CS6 使用了创新的侵蚀效果画笔笔尖，可以绘制出更加自然和逼真的笔触效果。

1. 认识画笔工具属性栏

　　在工具箱中选择画笔工具，即可在工具属性栏显示出相关画笔属性。通过画笔工具属性栏可设置画笔的各种属性参数。

　　画笔工具属性栏中相关参数含义介绍如下。

- ❧ "画笔"下拉面板：用于设置画笔笔头的大小和样式，单击"画笔"右侧的 ▪ 按钮，可打开"画笔设置"面板。在其中可以选择画笔样式，设置画笔的大小和硬度参数。

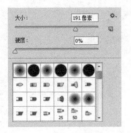

- ❧ "模式"下拉列表：用于设置画笔工具对当前图像中像素的作用形式，即当前使用的绘图颜色与原有底色之间进行混合的模式。

- ❧ "不透明度"下拉列表：用于设置画笔颜色的透明度，数值越大，不透明度越高。单击其右侧的 ▪ 按钮，在弹出的滑动条上拖曳滑块也可实现透明度的调整。

- ❧ "流量"下拉列表 用于设置绘制时颜色的压力程度，值越大，画笔笔触越浓。

- ❧ "喷枪工具"按钮：单击该按钮可以启用喷枪工具进行绘图。

- ❧ "绘图板压力控制大小"按钮：单击该按钮，使用

数位板绘画时，光感压力可覆盖"画笔"面板中的不透明度和大小设置。

2. 画笔预设

　　选择【窗口】/【画笔预设】命令，打开"画笔预设"面板。在"画笔预设"面板中选择画笔样式后，可拖曳"大小"滑块调整笔尖大小。单击"画笔预设"面板右上角的 ▪ 按钮，可打开"画笔预设"面板，在其中可以选择面板的显示方式，以及载入预设的画笔库等。

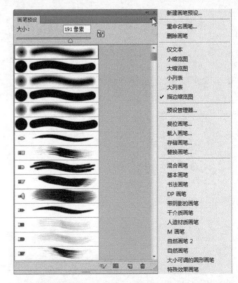

　　"画笔预设"面板中部分选项含义介绍如下。

- ❧ 新建画笔预设：用于创建新的画笔预设。

- ❧ 重命名画笔：选择一个画笔样式后，可选择该命令重命名画笔。

- ❧ 删除画笔：选择一个画笔样式后，可选择该命令将其删除。

- ❧ 仅文本 / 小缩览图 / 大缩览图 / 小列表 / 大列表 /

描边缩览图：可设置画笔在面板中的显示方式。选择"仅文本"选项，只显示画笔的名称；选择"小缩览图"和"大缩览图"选项，只显示画笔的缩览图和画笔大小；选择"小列表"和"大列表"选项，则以列表的形式显示画笔的名称和缩览图；选择"描边缩览图"选项，可显示画笔的缩览图和使用时的预览效果。

预设管理器：选择该命令可打开"预设管理器"窗口。

复位画笔：当添加或删除画笔后，可选择该命令使面板恢复为显示默认的画笔状态。

载入画笔：选择该命令可以打开"载入"对话框，选择一个外部的画笔库，单击"载入"按钮，可将新画笔样式载入"画笔"下拉面板和"画笔预设"面板。

存储画笔：可将面板中的画笔保存为一个画笔库。

替换画笔：选择该命令可打开"载入"对话框，在其中可选择一个画笔库来替换面板中的画笔。

画笔库：该菜单中所列的是 Photoshop 提供的各种预设的画笔库。选择任意一个画笔库，在打开的提示对话框中单击"追加"按钮，可将画笔载入面板中。

4.1.2 设置与应用画笔样式

Photoshop CS6 中的画笔可根据需要在"画笔"面板中更改样式属性设置，以满足设计的需要。选择画笔工具，将前景色设置为所需的颜色，单击属性栏中的"切换画笔面板"按钮，即可打开"画笔"面板。

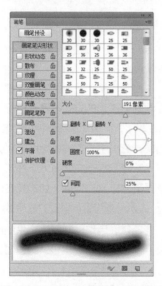

"画笔"面板中部分参数含义介绍如下。

"画笔预设"按钮：单击该按钮，可将"画笔"面板切换到"画笔预设"面板。

画笔设置：单击选中相关复选框，面板中会显示该选项的详细设置内容。

锁定/未锁定：当显示为锁定图标时，表示当前画笔的笔尖形状属性为锁定状态，再次单击该图标，将显示为状态，则表示取消锁定。

画笔笔尖：显示 Photoshop 提供的预设画笔笔尖，单击即可选中需要的画笔笔尖。

画笔参数：调整画笔的各种参数。

"显示画笔样式"按钮：使用毛刷笔尖时，在窗口中显示笔尖样式。

"打开预设管理器"按钮：单击该按钮，可以打开"预设管理器"窗口。

"创建新画笔"按钮：对某预设的画笔进行调整后，可单击该按钮，将其保存为一个新的预设画笔。

1. 设置画笔笔尖形状

"画笔"面板默认显示"画笔笔尖形状"选项卡的内容，用户可在右侧列表框中选择需要的笔尖样式。面板下方的参数含义介绍如下。

"大小"数值框：主要用于设置画笔笔尖直径大小，可在其后的数值框中直接输入大小值，也可拖曳下方的滑块以调整大小。

"翻转"复选框：画笔翻转可分为水平翻转和垂直翻转，分别对应"翻转 X"和"翻转 Y"复选框。

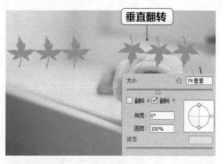

"角度"数值框：用来设置画笔旋转的角度，值越大，

则旋转的效果越明显。

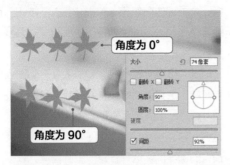

- "圆度"数值框：用来设置画笔垂直方向和水平方向的比例关系，值越大画笔越趋于正圆显示，值越小则越趋于椭圆显示。

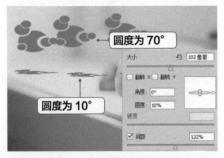

- "硬度"数值框：用来设置画笔绘图时的边缘晕化程度，值越大画笔边缘越清晰，值越小则边缘越柔和。

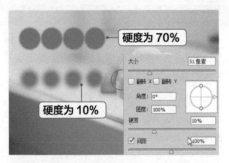

- "间距"数值框 用来设置连续运用画笔工具绘制时，画笔之间的距离。只需在"间距"数值框中输入相应的百分比数值即可，值越大，间距就越大。

2. 设置形状动态画笔

通过为画笔设置形状动态效果，可以绘制出具有渐隐效果的图像，如烟雾从生成到渐渐消逝的过程，或表现物体的运动轨迹等。单击选中"画笔"面板中的"形状动态"复选框，即可设置相关参数。

部分参数含义介绍如下。

- "控制"下拉列表框：面板中的"控制"下拉列表框用来控制画笔抖动的方式，默认情况为不可用状态，只有在其下拉列表中选择一种抖动方式时才变为可用。如果计算机中没有安装绘图板或光电笔等设备，只有"渐隐"抖动方式有效。在"控制"下拉列表中选择某种抖动方式后，如果其右侧的数值框变为可用，表示当前设置的抖动方式有效，否则无效。

- "大小抖动"栏：用来控制画笔产生的画笔大小的动态效果，值越大抖动越明显。当设置大小抖动方式为渐隐时，其右侧的数值框用来设置渐隐的步数，值越小，渐隐就越明显。

- "角度抖动"栏：当设置角度抖动方式为渐隐时，其右侧的数值框用来设置画笔旋转的步数。

- "圆度抖动"栏：当设置圆度抖动方式为渐隐时，其右侧的数值框用来设置画笔圆度抖动的步数。

3. 设置散布画笔

通过为画笔设置散布可以使绘制后的画笔图像在图像窗口随机分布。单击选中"画笔"面板中的"散布"复选框后，即可在右侧设置相关的参数。部分参数含义介绍如下。

🔹 "散布"栏：用来设置画笔散布的距离，值越大，散布范围越宽。

🔹 "数量"栏：用来控制画笔产生的数量，值越大，数值量越多。

4. 设置纹理画笔

通过为画笔设置纹理，用户可以使绘制后的画笔图像产生纹理化效果。单击选中"画笔"控制面板中的"纹理"复选框后，即可在右侧设置相关的参数。部分参数含义介绍如下。

🔹 "缩放"下拉列表框：用来设置纹理在画笔中的大小显示，值越大，纹理显示面积就越大。

🔹 "深度"数值框：用来设置纹理在画笔中融入的深度，值越小，显示就越不明显。

🔹 "深度抖动"数值框：用来设置纹理融入画笔中的变化，值越大，抖动越强，效果越明显。

🔹 "模式"下拉列表：用来设置纹理与画笔的融入模式，选择不同的模式得到的纹理效果也就不同。用户可试着选择不同的模式进行观察。

5. 设置双重画笔

通过为画笔设置双重画笔，用户可以使绘制后的画笔图像具有两种画笔样式的融入效果，其具体操作如下。

STEP 1 选择第一种画笔样式
在"画笔笔尖"面板的画笔预览框中选择一种画笔样式作为双重画笔中的一种画笔样式。

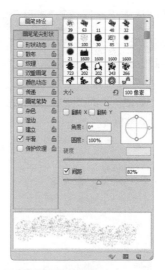

STEP 2 选择第二种画笔样式
单击选中"双重画笔"复选框，在面板中选择一种画笔样式作为双重画笔中的第二种画笔样式。

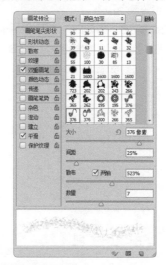

STEP 3 绘制图像效果
将鼠标移至图像区域，单击并拖动鼠标，即可绘制出设置的两种画笔样式的图像效果。

6. 设置颜色动态画笔

通过为画笔设置颜色动态，可以使绘制后的画笔图像在两种颜色之间产生渐变过渡，其具体操作如下。

STEP 1 选择画笔样式

设置前景色和背景色，选择画笔工具，在"画笔"面板中选择一种画笔样式。

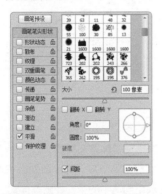

STEP 2 设置颜色动态

单击选中"颜色动态"复选框，并在面板中进行设置，使颜色的色相、饱和度、亮度和纯度产生渐隐样式。

STEP 3 绘制图像效果

在打开的图像中拖曳鼠标进行绘制，绘制后的图像颜色将在前景色和背景色之间起过渡作用。

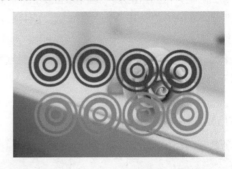

7. 设置画笔笔势

画笔笔势是 Photoshop CS6 的新增功能，主要用来调整毛刷画笔笔尖、侵蚀画笔笔尖的角度和绘制速率等。单击选中"画笔"面板中的"画笔笔势"复选框后可在其中设置相关参数，其含义介绍如下。

- 🔷 倾斜 X/ 倾斜 Y：用来设置笔尖沿 x 轴或 y 轴倾斜的角度。
- 🔷 旋转：用来设置笔尖的旋转角度。
- 🔷 压力：用于调整画笔压力，该值越高，绘制速度越快，线条越粗犷。

4.1.3 使用铅笔工具

铅笔工具与画笔工具作用都是用于图像的绘制，其使用方法也相同。但铅笔工具的绘制效果比较硬，常用于各种线条的绘制，在工具箱中选择铅笔工具，其工具属性栏如下图所示。

"铅笔工具"属性栏中各选项含义如下。

- 🔷 "画笔预设"下拉列表框：单击该下拉按钮，将打开画笔预设下拉列表。在其中可以对笔尖、画笔大小和硬度等进行设置。
- 🔷 "模式"下拉列表框：用于设置绘制的颜色与下方像素的混合方式。
- 🔷 "不透明度"下拉列表框：用于设置绘制时的颜色不透明度。数值越大，绘制出的笔迹越不透明。数值越小，绘制出的笔迹越透明。下图为不透明度为

100% 和不透明度为 70% 的效果。

- 🔷 "自动抹除"复选框：单击选中"自动抹除"复选框后，将光标的中心放在包含前景色的区域上，可将该区域涂抹为背景色。如果光标放置的区域不包

括前景色区域，则将该区域涂抹成前景色。

使用铅笔工具可绘制像素画和像素游戏，绘制的效果不仅质感强，而且对比强烈。

4.1.4 | 实战案例——制作手绘梅花

Photoshop 能够实现各种风格图像的绘制。下面将使用画笔工具绘制一幅水墨梅花画，主要练习如何灵活运用画笔工具绘制图像，具体操作步骤如下。

微课：制作手绘梅花

素材：光盘\素材\第4章\手绘梅花\

效果：光盘\效果\第4章\梅花.psd

STEP 1　新建图像文件并填充颜色

❶新建一个名称为"梅花"，大小为"800×800"像素的图像文件；❷填充颜色为黄色"#e6ddcb"。

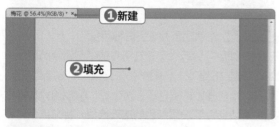

STEP 2　选择"预设管理器"选项

❶在"画笔预设"面板右侧单击▤按钮；❷在打开的下拉列表中选择"预设管理器"选项，打开"预设管理器"对话框，单击"载入"按钮。

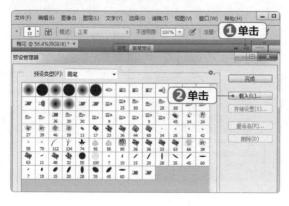

STEP 3　选择载入的笔刷样式

❶打开"载入"对话框，在"查找范围"下拉列表中选择笔刷位置；❷在中间列表框中选择需要载入的笔刷；❸单击"载入"按钮。

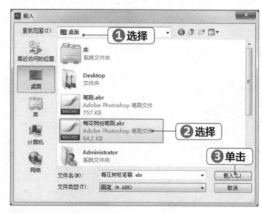

STEP 4　载入其他样式

❶返回"预设管理器"对话框，使用相同的方法载入其他样式；❷单击"完成"按钮，完成载入操作。

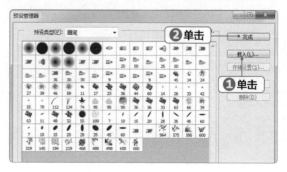

STEP 5 新建图层

❶在"图层"面板中单击右下角的"创建新图层"按钮，新建"图层 1"；❷在工具箱中选择画笔工具。

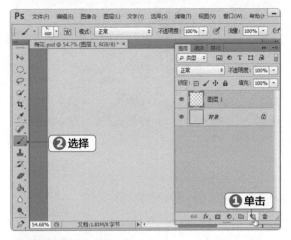

STEP 6 选择画笔样式

❶单击右侧面板组中的"画笔"按钮，打开"画笔"面板；❷选择"画笔笔尖形状"选项；❸在右侧的下拉列表中选择"600"样式；❹将鼠标指针移动到左侧绘图区，即可查看选择样式的展现效果。

STEP 7 设置画笔参数

❶在"大小"栏右侧的文本框中输入"750 像素"；❷单击选中下方的"翻转 Y"复选框，将选择的样式翻转显示；❸在"角度"右侧的文本框中输入"-10°"设置旋转角度；❹完成后设置"间距"为"150%"。

STEP 8 绘制画笔形状并查看完成后的效果

将鼠标指针移动到绘图区，此时绘图区上将显示画笔形状效果，在左下角单击，完成梅枝的绘制。

STEP 9 绘制梅花其他的枝丫

使用相同的方法，选择不同样式的梅花枝丫进行绘制，并查看完成后的效果。

STEP 10 新建图层并设置画笔颜色

❶在"图层"面板中单击右下角的"创建新图层"按钮，新建"图层 2"；❷单击工具箱中的背景色图标，打开"拾色器（前景色）"对话框；❸使用鼠标拖曳颜色滑块到需要设置颜色的相近区域，将鼠标指针移动到左边颜色显示窗口中，鼠标指针将变成一个小圆圈，在需要设置为前景色的颜色处单击，这里设置颜色为"#e75283"；❹完成后单击"确定"按钮。

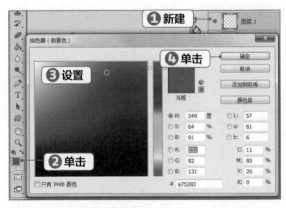

STEP 11　选择画笔样式

❶在工具箱中选择画笔工具；❷单击右侧面板组中的"画笔"按钮，打开"画笔"面板，选择"柔角圆"选项；❸在"大小"栏中设置画笔大小为"20像素"。

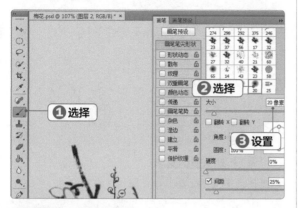

STEP 12　绘制梅花花瓣

返回绘图区，选择一朵梅花花瓣，在其上单击鼠标，为花瓣填充颜色。根据花瓣的大小，可按【[】键或【]】键对画笔的大小进行调整后再进行填充。

STEP 13　绘制其他梅花花瓣

使用相同的方法，为其他梅花花瓣填充颜色，注意填充时，因为梅花的开放程度不同，一种颜色不能完整地表现梅花的颜色变化，需要对不同的花瓣填充不同的色彩。

技巧秒杀

添加花瓣颜色的注意事项

本例中的树枝是通过画笔样式绘制的，其树枝的形状和花瓣的位置是固定的，若要使画面更加美观，可直接使用画笔工具在枝干的其他部分添加画笔样式，让红色的花瓣布不只显示在固定位置。

STEP 14　绘制其他颜色的梅花花瓣

使用相同的方法，将前景色设置为"#febad1"，大小设置为"15"，对其他花瓣填充颜色，查看添加后的效果。

STEP 15　设置花蕊颜色与画笔

❶将前景色设置为"#f41313"，在工具属性栏中单击"画笔"右侧的下拉按钮；❷在打开的下拉面板中设置大小为"10像素"；❸设置"画笔样式"为"柔边圆压力不透明度"；❹设置"不透明度"为"50%"。

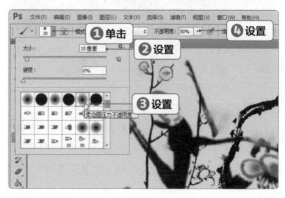

第 **4** 章　绘制和修饰图像

65

PART 04

技巧秒杀

设置画笔透明度的技巧

使用画笔绘制图像时，按数字键【1】可调整画笔不透明度为"10%"，按数字键【0】则可将不透明度恢复到"100%"。

STEP 16 绘制花蕊

在梅花花瓣的中间部分进行涂抹，使大红色的花蕊颜色更突出，起到渐变的效果，并突出花瓣的重点色调。

STEP 17 绘制树干的立体效果

使用相同的方法将前景色设置为"#361212"，为树干添加深色区域，再将前景色设置为"#997f7f"，为树干添加浅色部分，使其更具有立体感。

STEP 18 输入"梅花"文字

❶选择横排文字工具；❷在工具属性栏中设置"字体"为"全新硬笔行书简"；❸设置"字号"为"60点"；❹在梅花图像上的空白处拖动鼠标绘制文本框，并输入"梅花"文字。

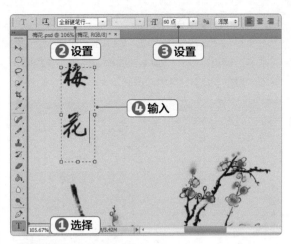

STEP 19 输入其他文字

❶选择直排文字工具，在工具属性栏中设置"字体"为"叶根友钢笔行书升级版"；❷设置"字号"为"32点"；❸在梅花文字的右侧绘制文框并输入"墙角数枝梅，凌寒独自开。遥知不是雪，为有暗香来。"文字。

STEP 20 设置铅笔参数

❶单击"新建图层"按钮，新建图层4，并将前景色设置为"#ff0000"，在工具箱中选择铅笔工具，在工具属性栏中单击"铅笔工具"右侧的下拉按钮；❷在打开的下拉面板中设置大小为"30像素"；❸设置"画笔样式"为"26"。

STEP 21 制作印章

返回图像编辑窗口，可发现铅笔工具已发生变化，在需要制作印章的部分单击并拖曳鼠标，即可完成印章制作。

STEP 22 保存文件并查看效果

按【Ctrl+S】组合键打开"另存为"对话框，在其中设置保存位置并保存文件，查看完成后的效果。

4.2 修饰图像

通过 Photoshop 绘制或使用数码相机拍摄获得的图像往往存在质量的问题，如绘制后的图像具有明显的人工处理痕迹，没有景深感，色彩不平衡，明暗关系不明显，存在曝光或杂点等，这时就需要利用 Photoshop CS6 提供的不同图像修饰工具对图像进行修饰美化。下面将详细介绍污点修复画笔工具组、图章工具组、模糊工具组、减淡工具组等常用的图像修饰工具的操作方法。

4.2.1 使用污点修复画笔工具组修复图像

污点修复画笔工具组主要包括污点修复画笔工具、修复画笔工具、修补工具、内容感知移动工具、红眼工具，其作用是将取样点的像素信息非常自然地复制到图像其他区域，并保持图像的色相、饱和度、高度、纹理等属性，是一组快捷高效的图像修饰工具。下面分别进行介绍。

1. 污点修复画笔工具

污点修复画笔工具主要用于快速修复图像中的斑点或小块杂物等。直接在工具箱中单击"污点修复画笔工具"按钮 即可选择该工具，对应的工具属性栏如下图所示。

相关参数含义介绍如下。

- "画笔"下拉列表框：与画笔工具属性栏对应的选项一样，用于设置画笔的大小和样式等参数。
- "模式"下拉列表框：用于设置绘制后生成图像与底色之间的混合模型。其中选择"替换"模式时，可保留画笔描边边缘处的杂色、胶片颗粒、纹理。
- "类型"栏：用于设置修复图像区域过程中采用的修复类型。单击选中"近似匹配"单选项，可使用

选区边缘周围的像素来查找作为选定区域修补的图像区域；单击选中"创建纹理"单选项，可使用选区中的所有像素创建一个用于修复该区域的纹理，并使纹理与周围纹理相协调；单击选中"内容识别"单选项，可使用选区周围的像素进行修复。

- "对所有图层取样"复选框：单击选中该复选框将从所有可见图层中对数据进行取样。

2. 修复画笔工具

使用修复画笔工具可以利用图像或图案中的样本像素来绘画，不同之处在于其可以从被修饰区域的周围取样，并将样本的纹理、光照、透明度、阴影等与所修复的像素匹配，从而去除照片中的污点和划痕。在工具箱中，右击污点修复画笔工具，在打开的工具组中可选择修复画笔工具，其工具属性栏如下图所示。

相关选项的含义介绍如下。

- "源"栏：设置用于修复像素的来源。单击选中"取样"单选项，则使用当前图像中定义的像素进行修复；单击选中"图案"单选项，则可从其后的下拉列表中选择预定义的图案对图像进行修复。

- "对齐"复选框：用于设置对齐像素的方式。

3. 修补工具

修补工具是一种使用最频繁的修复工具。其工作原理与修复工具一样，一般与套索工具一样先绘制一个自由选区，再通过将该区域内的图像拖曳到目标位置，从而完成对目标处图像的修复。选择该工具后，可激活其工具属性栏。

相关选项的含义介绍如下。

- 选区创建方式：单击"新选区"按钮，可以创建一个新的选区，若图像中已有选区，则绘制的新选区会替换原有的选区；单击"添加到选区"按钮，可在当前选区的基础上添加新的选区；单击"从选区减去"按钮，可在原选区中减去当前绘制的选区；单击"与选区交叉"按钮，可得到原选区与当前创建选区相交的部分。

- "修补"下拉列表框：用于设置修补方式。若单击选中"源"单选项，将选区拖至需要修补的区域后，将用当前选区中的图像修补之前选中的图像；若单击选中"目标"单选项，则会将选中的图像复制到目标区域。

- "透明"复选框：单击选中该复选框后，可使修补的图像与原图像产生透明的叠加效果。

技巧秒杀

如何更好地使用修补工具

利用修补工具绘制选区时，与自由套索工具绘制的方法一样。为了精确绘制选区，可以使用选区工具，然后切换到修补工具进行修补。

- "使用图案"按钮：在图案下拉面板中选择一个图案，单击该按钮，可使用图案修补选区内的图像。

4. 内容感知移动工具

内容感知移动工具是 Photoshop CS6 新增的修复工具，使用该工具将图像移至其他区域后，可以重组图像，并且自动使图像与背景融合，其操作和效果与修补工具相似。选择该工具，可激活其工具属性栏。

相关选项的含义介绍如下。

- "模式"下拉列表框：包括"移动"和"扩展"两个选项，用于设置移动的方式。"移动"选项是指将源选区直接移动到目标区域；"扩展"选项则会在目标区域复制一个与源区域完全相同的内容。

- "适应"下拉列表框：用于设置图像修复的精度。

- "对所有图层取样"复选框：当文档中包含多个图层时有效，单击选中该复选框，将对所有图层中的图像进行取样。

选择内容感知移动工具后，将鼠标指针移到图像目标位置，拖曳鼠标创建选区，然后将选区内的图像移动到新的位置，空缺的部分将自动进行填补。下图所示分别为使用"移动"选项和"扩展"选项的效果。

使用"移动"选项

使用"扩展"选项

5. 红眼工具

利用红眼工具可以快速去掉照片中人物眼睛由于闪光灯引发的红色、白色、绿色反光斑点。选择该工具，可激活其工具属性栏。

红眼工具属性栏中相关选项的含义介绍如下。

- "瞳孔大小"下拉列表框：用于设置瞳孔（眼睛暗色的中心）的大小。

- "变暗量"下拉列表框：用于设置瞳孔的暗度。

4.2.2 使用图章工具组修复图像

图章工具组由仿制图章工具和图案图章工具组成，可以使用颜色或图案填充图像或选区，实现图像的复制或替换。

1. 仿制图章工具

利用仿制图章工具可以将图像窗口中的局部图像或全部图像复制到其他图像中。选择仿制图章工具,工具属性栏如下图所示。

相关选项的含义介绍如下。

- "对齐"复选框:单击选中该复选框,可连续对像素进行取样;撤销选中该复选框,则每单击一次鼠标,就会使用初始取样点中的样本像素进行绘制。
- "样本"下拉列表框:用于选择从指定的图层中进行数据取样。若要从当前图层及其下方的可见图层取样,应在其下拉列表中选择"当前和下方图层"选项;若仅从当前图层中取样,可选择"当前图层"选项;若要从所有可见图层中取样,可选择"所有图层"选项;若要从调整层以外的所有可见图层中取样,可选择"所有图层"选项,然后单击选项右侧的"忽略调整图层"按钮即可。
- "切换仿制源面板"按钮:单击该按钮可打开"仿制源"面板。

下图所示为使用仿制图章工具去除照片中多余图像的效果。

2. 图案图章工具

使用图案图章工具可以将 Photoshop CS6 自带的图案或自定义的图案填充到图像中,与使用画笔工具绘制图案一样。在工具箱中的仿制图章工具上单击鼠标右键,在打开的工具组中可选择图案图章工具,工具属性栏如下图所示。

相关选项的含义介绍如下。

- "对齐"复选框:单击选中该复选框,可保持图案与原始起点的连续性;撤销单击选中该复选框,则每次单击鼠标都会重新应用图案。
- 下拉列表框:单击右侧的按钮,在打开的下拉列表框中可以选择所需的图案样式。
- "印象派效果"复选框:单击选中该复选框,绘制的图案具有印象派绘画的艺术效果。

4.2.3 使用模糊工具组润饰图像

模糊工具组由模糊工具、锐化工具、涂抹工具组成,用于降低或增强图像的对比度和饱和度,从而使图像变得模糊或清晰,甚至还可以生成色彩流动的效果。

1. 模糊工具

使用模糊工具可以降低图像中相邻像素之间的对比度,从而使图像产生模糊的效果。选择工具箱中的模糊工具,在图像需要模糊的区域单击并拖曳鼠标,即可进行模糊处理,其工具属性栏如下图所示。其中"强度"数值框用于设置运用模糊工具着色的力度,值越大,模糊的效果越明显,取值范围为 1%~100%。

2. 锐化工具

锐化工具的作用与模糊工具刚好相反,它能使模糊的图像变得清晰,常用于增加图像的细节表现,但并不代表进行模糊操作的图像再经过锐化处理就能恢

复到原始状态。在工具箱中的模糊工具上单击鼠标右键,在打开的工具组中可选择锐化工具,锐化工具的属性栏各选项与模糊工具的作用完全相同。

3. 涂抹工具

涂抹工具用于选取单击鼠标起点处的颜色,并沿拖移的方向扩张颜色,从而模拟出用手指在未干的画布上进行涂抹的效果,常在效果图后期用来绘制毛料制品。其工具属性栏各选项含义与模糊工具一样。

PART 04

4.2.4 使用减淡工具组润饰图像

减淡工具组由减淡工具、加深工具、海绵工具组成，用于调整图像的亮度或饱和度。

1. 减淡工具和加深工具

减淡工具可通过提高图像的曝光度来提高涂抹区域的亮度。加深工具的作用与减淡工具相反，即通过降低图像的曝光度来降低图像的亮度。下图所示为减淡工具的属性栏。

相关选项的含义介绍如下。

- "范围"下拉列表框：可选择要修改的色调。选择"阴影"选项，可处理图像中的暗色区域；选择"中间调"选项，可处理图像的中间调区域；选择"高光"选项，可处理图像的亮部色调区域。

- "曝光度"下拉列表框：可为减淡工具或加深工具指定曝光度，值越高，效果越明显。

- "喷枪"按钮 ：单击该按钮，可为工具开启喷枪功能。

- "保护色调"复选框：可保护图像的色调不受影响。

2. 海绵工具

海绵工具可增加或降低图像的饱和度，即像海绵吸水一样，为图像增加或减少光泽感。其工具属性栏如下图所示。

相关选项的含义介绍如下。

- "模式"下拉列表框：用于设置是否增加或降低饱和度。选择"降低饱和度"选项，表示降低图像中色彩饱和度；选择"饱和"选项，表示增加图像色彩饱和度。

- "流量"下拉列表框：可设置海绵工具的流量，流量值越大，饱和度改变的效果越明显。

- "自然饱和度"复选框：单击选中该复选框后，在进行增加饱和度的操作时，可避免颜色过于饱和而出现溢色。

4.2.5 实战案例——美化照片中的人像

当使用数码相机拍摄人像时，往往会因为某一些环境原因让拍摄的照片不够美观，或是因为模特脸部斑点太多使其脸部不够光滑美观，为了达到需要的效果，可对拍摄的照片进行美化，让人像完美的展现到照片中。下面对美化数码照片中人像的方法和所涉及的知识进行介绍。

微课：美化照片中的人像

| 素材：光盘 \ 素材 \ 第 4 章 \ 美女 .jpg |
| 效果：光盘 \ 效果 \ 第 4 章 \ 美女 .jpg |

STEP 1 设置污点修复画笔的参数

❶打开"美女 .jpg"素材文件，选择污点修复画笔工具；❷在工具属性栏中设置污点修复画笔的大小为"20"；❸单击选中"内容识别"单选项；❹单击选中"对所有图层取样"复选框；❺放大显示"美女"图像。

STEP 2 修复脸部左侧的斑点

使用鼠标在脸部左侧单击确定一点，向下拖曳可发现修复画笔将显示一条灰色区域，释放鼠标即可看见拖曳区域的斑点已经消失。若是修复单独的某一个斑点，可在其上单击以完成修复操作。

STEP 3 修复鼻子上的斑点

使用修复画笔工具沿着鼻子的轮廓进行涂抹，以修复鼻子上的斑点，应注意避免修复过程中因为颜色的不统一，导致再次出现大块的污点。并且在修复过程中需单独对某个斑点进行单击修复，减少鼻子不对称的现象出现。

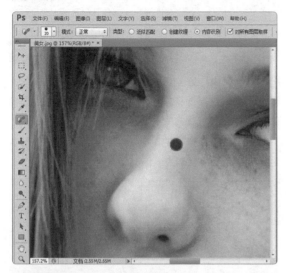

STEP 4 修复脸部右侧的斑点

使用相同的方法对右脸进行修复，在修复时单击斑点可进行修复，对于斑点密集部分，则可使用拖曳的方法进行修复，完成后查看修复后的效果。

STEP 5 设置修复画笔

❶在工具箱中选择修复画笔工具；❷在工具属性栏中设置修复画笔的大小为"15"；❸在"模式"下拉列表中选择"滤色"选项；❹单击选中"取样"单选项；❺完成后将左侧眼部放大。

STEP 6 获取修复颜色并进行修复操作

❶在左侧眼睛的下方，按住【Alt】键的同时，单击图像上需要取样的位置，这里单击左侧脸部相对平滑的区域；❷将光标移动到需要修复的位置，这里将其移动到眼睛的下方，单击并拖曳鼠标，修复眼部的细纹。

STEP 7 修复左侧眼部细纹并使周围颜色统一

根据眼部轮廓的不同和周围颜色的不同，在使用修复画笔工具时，为了使修复的图像效果更加完美，在修复过程中需不断修改取样点和画笔大小，让左侧脸部变得统一，并且在处理过程中，也可修复脸部的细纹。

STEP 8 修复右侧眼部细纹

使用相同的方法对右侧眼部进行修复，让周围的颜色统一，并去除细纹。

STEP 9 设置修补参数

❶在工具箱中选择修补工具；❷在工具属性栏中单击"新选区"按钮；❸在"修补"下拉列表中选择"正常"选项；❹单击选中"源"单选项；❺完成后将手部放大。

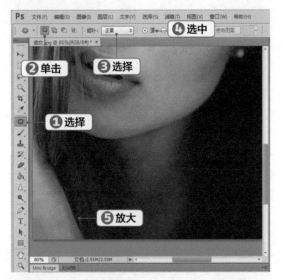

STEP 10 修补手部部分

在需要修补的手处单击并拖动鼠标，绘制一个闭合的形状将需要修补的位置圈住，当鼠标变为 形状时，按住鼠标左键不放向上拖曳，以手其他部分的颜色为主体进行修补。注意修补时不要拖曳鼠标太远，这样容易造成颜色不统一。

STEP 11 修补鼻尖部分

在左侧鼻尖处发现鼻尖的皮肤很粗糙，并且有凹痕。使用修补工具沿着鼻尖的轮廓绘制一个闭合的选区，并将鼠标移动到选区的中间，当鼠标光标呈 形状后，向上拖曳修补鼻尖。

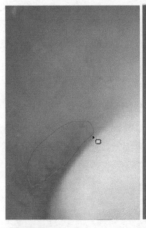

STEP 12 修补其他区域

使用相同的方法对脸部的其他区域进行修补，让皮肤变得更加细腻。注意修补过程中，要预留轮廓，不要让轮廓变得平整。修补完成后查看修补后的效果。

STEP 13 设置红眼参数

❶在工具箱中选择红眼工具；❷在工具属性栏中设置"瞳孔大小"为"80%"；❸设置"变暗量"为"40%"；❹完成后将左侧眼部放大，并在眼部的红色区域单击。

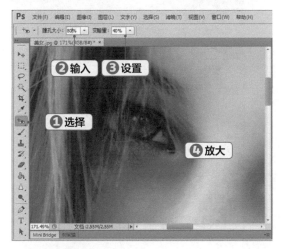

技巧秒杀

修复工具组快速切换的方法

按【J】键可以快速选择修复工具组中正在使用的工具，按【Shift+J】组合键可以在修复画笔工具组中的4个工具之间切换。

STEP 14 修复左眼

此时单击处呈黑色显示，继续单击红色周围，使红色的眼球完全呈黑色显示。

STEP 15 修复右眼

使用相同的方法修复右眼，完成后查看修复后的效果。

STEP 16 设置模糊参数

❶在工具箱中选择模糊工具；❷在工具属性栏中设置笔尖大小为"90"；❸设置"强度"为"70%"；❹完成后在右侧脸部进行涂抹，使脸部的小斑点变得模糊。

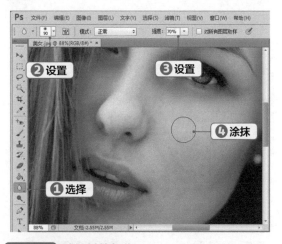

STEP 17 涂抹其他部分

对脸部的其他部分进行涂抹，使其脸部变得光滑。注意轮廓线部分需要按照轮廓线的走向进行涂抹。

STEP 18 使用曲线调整亮度

按【Ctrl+M】组合键，打开"曲线"对话框，将鼠标移动到曲线编辑框的斜线上，单击鼠标创建一个控制点，再向上方拖曳曲线，调整亮度。

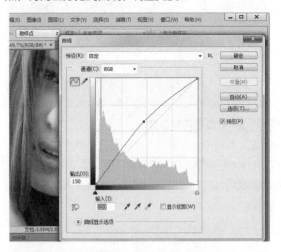

STEP 19 查看完成后的效果

单击"确定"按钮，返回图像窗口，即可看到调整后的效果。

4.3 裁剪与擦除图像

处理图像时，根据需要可以对图像进行裁剪和擦除等编辑操作，以此使图像效果的处理更符合需要。下面详细介绍裁剪工具和橡皮擦工具的使用方法。

4.3.1 使用裁剪工具裁剪图像

Photoshop CS6 提供了对图像进行规则裁剪的功能，因此在处理图像时，用户可根据需要裁剪出像素大小符合要求的图像。

1. 裁剪工具

当仅需要图像的一部分时，可以使用裁剪工具来快速删除部分图像。使用该工具在图像中拖曳绘制一个矩形区域，矩形区域内部代表裁剪后图像保留部分，矩形区域外部表示将被删除的部分。需要注意的是，裁剪工具的属性栏在执行裁剪操作时的前后显示状态不同。选择裁剪工具，工具属性栏如下图所示。

裁剪工具属性栏中相关选项的含义介绍如下。

👉 "不受约束"下拉列表框：用于设置裁剪比例，选择"不受约束"选项可以自由调整裁剪框的大小。

👉 "宽度""高度"数值框：用于输入裁剪图像的宽度、高度的数值。

👉 "纵向与横向旋转裁剪框"按钮 ↻：用于设置裁剪框的方向。

👉 "拉直"按钮 🔲：单击该按钮，可将图片中倾斜的内容拉直。

👉 "视图"下拉列表框：默认显示为"三等分"，用于设置裁剪的参考线，帮助用户进行合理构图。

👉 "设置"按钮 ⚙：单击该按钮，在打开的下拉列表框中单击选中"使用经典模式"复选框将使用以前版本的裁剪工具；单击选中"启用裁剪屏蔽"复选框，裁剪区域外将被颜色选项中设置的颜色覆盖。

👉 "删除裁剪的像素"复选框：默认下，裁剪掉的图像保留在文件中，使用移动工具可使隐藏的部分显示出来，如果要彻底删除裁剪的图像，需要选中"删除裁剪的像素"复选框。

选择裁剪工具后，将鼠标指针移到图像窗口中，按住鼠标左键拖曳，框选出需保留的图像区域。在保留区域四周有一个定界框，拖曳定界框上的控制点可调整裁剪区域的大小。

2. 透视裁剪工具

透视裁剪工具是 Photoshop CS6 新增的裁剪工具，可以解决由于拍摄不当造成的透视畸变的问题，选择透视裁剪工具 后，工具属性栏如下图所示。

W：[　　] ⇄ H：[　　]　　分辨率：[　　]　像素/英寸 ⇕　前面的图像　清除　☑显示网格

相关选项的含义介绍如下。

🔹 "W/H"数值框：用于输入图像的宽度和高度值，可以按照设定的尺寸裁剪图像。

🔹 "分辨率"数值框：用于输入裁剪图像的分辨率，裁剪图像后，图像的分辨率自动调整为设置的大小，在实际操作中尽量将分别率值调高。

🔹 "前面的图像"按钮：单击该按钮，"W/H"数值框、"分辨率"数值框中显示当前文档的尺寸和分辨率。如果打开了两个文档，则将显示另一文档的尺寸和分辨率。

🔹 "清除"按钮：单击该按钮，可清除"W/H"数值框、"分辨率"数值框中的数据。

🔹 "显示网格"复选框：单击选中该复选框将显示网格线，撤销选中则隐藏网格线。

使用透视裁剪工具调整透视畸变照片，其具体操作如下。

STEP 1　创建矩形裁剪框

选择透视裁剪工具，在工具属性栏中将宽和高设置为"3.2"厘米、"2"厘米，将分辨率设置为"1500"像素，在图像中单击鼠标确定第一个控制点，然后拖曳鼠标创建矩形裁剪框。

STEP 2　拖曳裁剪

将鼠标指针移到右侧上方的控制点，然后按住鼠标左键不放向左侧拖曳，图像内容将向右侧调整。

STEP 3　查看效果

调至适当位置后释放鼠标，按【Enter】键确认裁剪，返回图像查看裁剪效果。

3. 切片工具

切片工具常用于网页效果图设计中，是网页设计时必不可少的工具。其使用方法是选择切片工具，在图像中需要切片的位置拖曳鼠标绘制即可创建切片。与裁剪工具不同的是，使用切片工具创建区域后，区域内和区域外都将被保留，区域内为用户切片，区域外为其他切片。

4.3.2 使用橡皮擦工具擦除图像

Photoshop CS6 提供的图像擦除工具有橡皮擦工具、背景橡皮擦工具、魔术橡皮擦工具，分别实现不同的擦除功能。

1. 橡皮擦工具

橡皮擦工具主要用来擦除当前图像中的颜色。选择橡皮擦工具后，可以在图像中拖曳鼠标，根据画笔形状对图像进行擦除，擦除后图像将不可恢复。其工具属性栏如下图所示。

相关选项的含义介绍如下。

- "模式"下拉列表框：单击其右侧的下拉按钮，在打开的下拉列表中包含了3种擦除模式，即画笔、铅笔和块。

- "不透明度"下拉列表框：用于设置工具的擦除强度，100%的不透明度可完全擦除像素，较低的不透明度将部分擦除像素。将"模式"设置为"块"时，不能使用该选项。

- "流量"下拉列表框：用于控制工具的涂抹速度。

- "抹到历史记录"复选框：其作用与历史记录画笔工具的作用相同。单击选中该复选框，在"历史记录"面板中选择一个状态或快照，在擦除时可将图像恢复为指定状态。

2. 背景橡皮擦工具

与橡皮擦工具相比，使用背景橡皮擦工具可以将图像擦除到透明色，在擦除时会不断吸取涂抹经过地方的颜色作为背景色。其工具属性栏如下图所示。

相关选项的含义介绍如下。

- "取样连续"按钮：单击该按钮，在擦除图像过程中将连续采集取样点。

- "取样一次"按钮：单击该按钮，将以第一次单击鼠标位置的颜色作为取样点。

- "取样背景色板"按钮：单击该按钮，将当前背景色作为取样色。

- "限制"下拉列表框：单击右侧的下拉按钮，在打开的下拉列表中，选择"不连续"选项，整幅图像上擦除样本色彩的区域；选择"连续"选项，只擦除连续的包含样本色彩的区域；选择"查找边缘"

选项，自动查找与取样色彩区域连接的边界，也能在擦除过程中更好地保持边缘的锐化效果。

- "容差"下拉列表框：用于调整需要擦除的与取样点色彩相近的颜色范围。

- "保护前景色"复选框：单击选中该复选框，可保护图像中与前景色匹配区域不被擦除。

背景橡皮擦工具不同于橡皮擦工具，其作用是可以擦除指定的颜色。下图所示为使用背景橡皮擦对图形进行处理前后的效果。

3. 魔术橡皮擦工具

魔术橡皮擦工具是一种根据像素颜色擦除图像的工具。用魔术橡皮擦工具在图层中单击，所有相似的颜色区域将被擦除且变成透明的区域。其工具属性栏如下图所示。

相关选项的含义介绍如下。

- "容差"文本框：用于设置可擦除的颜色范围。容差值越小，擦除的像素范围越小；容差值越大，擦除的范围越大。

- "消除锯齿"复选框：单击选中该复选框，会使擦除区域的边缘更加光滑。

- "连续"复选框：单击选中该复选框，则只擦除与临近区域中颜色类似的部分；撤销选中该复选框，会擦除图像中所有颜色类似的区域。

- "对所有图层取样"复选框：单击选中该复选框，可以利用所有可见图层中的组合数据来采集色样；撤销单击选中该复选框，则只采集当前图层的颜色信息。

- "不透明度"下拉列表框：用于设置擦除强度，100%的不透明度将完全擦除像素，较低的不透明度可部分擦除像素。

4.3.3 | 使用内容识别功能擦除图像

当图像元素简单，并且擦除图像周围颜色相近时，可以通过内容识别功能快速擦除图像。在文档中选择需要擦除的图像选区，然后按【Delete】键或选择【编辑】/【填充】命令，在打开的"填充"对话框的"使用"下拉列表中默认选择"内容识别"选项，单击"确定"按钮。此时，图像被擦除，并且删除图像的选区将自动获取周围的图像进行相似内容填充。

边学边做

1. 制作人物剪影插画

人物剪影是插画的一种，在 Photoshop 中使用橡皮擦工具组制作人物剪影。该剪影主要应用于插画，通过将卡通人物与繁杂的嫩绿背景结合，并配上纹理与文字体现主题。

提示如下。

📦 新建一个像素大小为 3000×2200、名为"人物剪影插画"的图像文件，并添加"背景.jpg"素材文件。

📦 使用魔术橡皮擦工具擦除白色背景区域，然后将其移动到"人物剪影插画"图像文件中，调整图像大小。

📦 添加花纹素材并调整大小和位置，然后使用橡皮擦工具在超出部分进行涂抹，将超出部分擦除，并在"图层"面板中设置混合模式为"颜色减淡"，不透明度为"80%"。

📦 添加树叶和文字素材，并保存图像文件。

2. 制作虚化背景效果

在制作淘宝图片时，若想商品图片更好看，可对其背景进行虚化，凸显主体。在制作时需要先对背景的物体进行虚化，加深背景颜色并减淡主体颜色，让购买者在购买时能够一目了然地看到商品，并且因为有背景而让主体更加美观。下面为某商品制作一个虚化背景的效果。

提示如下。

🎁 使用修补工具修复图像中的污点杂质，然后使用模糊工具对周围的物品进行涂抹，使其模糊显示。

🎁 放大拖鞋图像，使用锐化工具对拖鞋进行锐化处理。

🎁 在工具箱中选中加深工具，在拖鞋的周围进行拖曳，对背景进行加深操作。

🎁 在工具箱中选择减淡工具，在拖鞋的上方进行拖曳，对拖鞋进行减淡处理。

🏆 高手竞技场

1. 美化人物照片

打开提供的素材文件"美化人物 .jpg"，对图像进行美化操作，要求如下。

🎁 通过污点修复画笔工具修复人物下巴上的瑕疵。

🎁 将人物脸部作为选区，通过模糊工具对人物脸部的皮肤进行处理，使其更加白皙、细腻。

🎁 使用加深工具加深眼角、嘴唇周围的阴影。

🎁 使用减淡工具在脸部进行涂抹，增加高光。

2. 制作双胞胎图像效果

打开"小孩 .jpg"图像，对照片上的儿童进行复制，制作出双胞胎图像效果，要求如下。

🎁 选择工具箱中的修补工具，沿人物绘制选区。

🎁 单击属性栏中的"目标"选项，将鼠标放置到选区中并向左拖曳，松开鼠标后得到复制的图像。

🎁 选择仿制图章工具，按住【Alt】键单击取样人物右侧手边的衣服，然后拖曳鼠标对复制的部分玩具区域进行修复。

🎁 按【Ctrl+D】组合键取消选区，完成双胞胎图像的制作。

PART 04

05 Chapter
第 5 章

图层的应用

/ 本章导读

本章将详细讲解在 Photoshop CS6 中图层的使用方法，包括图层的管理、图层和透明度的设置、图层样式的使用等。读者通过本章的学习能够熟练使用图层的相关知识，并能使用图层进行简单的图像合成制作。

5.1 创建图层

使用 Photoshop CS6 对多个不同的对象进行处理时，需要在不同的图层中实现。默认情况下，Photoshop 只有"背景"图层，此时需要设计者自行创建图层。本节将详细讲解创建各种图层的方法。

5.1.1 认识图层

图层是 Photoshop 最重要的功能之一，对图像的编辑基本上都是在不同的图层中完成的。

1. 图层的概念

用 Photoshop 制作的作品通常由多个图层合成，Photoshop 可以将图像的各个部分置于不同的图层中，并将这些图层叠放在一起形成完整的图像效果。用户可以单独对各个图层中的图像内容进行编辑、修改、效果处理等操作，同时不影响其他图层。

新建一个图像文件时，系统会自动在新建的图像窗口中生成一个图层，即背景图层，这时用户就可以通过绘图工具在图层上进行绘图。

2. "图层"面板

在 Photoshop CS6 中，对图层的操作可通过"图层"面板和"图层"菜单来实现。选择【窗口】/【图层】命令，打开"图层"面板。

"图层"面板显示了图像窗口所有的图层，用于创建、编辑、管理图层，以及为图层添加图层样式。"图层"面板中相关按钮作用介绍如下。

- 图层类型：当图像中图层过多时，在该下拉列表框中选择一种图层类型。选择图层类型后，"图层"面板中将只显示该类型的图层。
- 打开/关闭图层过滤：单击该按钮，可将图层的过滤功能打开或关闭。
- 图层混合模式：用于为当前图层设置图层混合模式，使图层与下层图像产生混合效果。
- 图层不透明度：用于设置当前图层的不透明度。
- 图层填充：用于设置当前图层的填充不透明度。调整填充不透明度，图层样式不会受到影响。
- 锁定透明像素：单击 按钮，将只能对图层的不透明区域进行编辑。
- 锁定图像像素：单击 按钮，将不能使用绘图工具对图层像素进行修改。
- 锁定位置：单击 按钮，图层中的像素将不能被移动。
- 锁定全部：单击 按钮，将不能对处于这种情况下的图层进行任何操作。
- 显示/隐藏图层：当图层缩略图前出现 图标时，表示该图层为可见图层；当图层缩略图前出现 图标时，表示该图层为不可见图层。单击 或 图标可显示或隐藏图层。
- 链接状态的图层：可对两个或两个以上的图层进行链接，链接后的图层可以一起移动。此外，图层上也会出现 图标。
- 展开/折叠图层效果：单击 按钮，可展开图层效果，并显示当前图层添加的效果名称。再次单击将折叠图层效果。
- 展开/折叠图层组：单击 按钮，可展开图层组中包含的图层。
- 当前图层：当前所选择的图层，成蓝底显示。用户可对其进行任意操作。
- 图层名称：用于显示该图层的图层，当面板中图层很多时，为图层命名可快速找到图层。
- 缩略图：用于显示图层中包含的图像内容。其中，格子区域为图像中的透明区域。
- 链接图层：选择两个或两个以上的图层，单击 按钮，可将所选的图层链接起来。

- 添加图层样式：单击 *fx* 按钮，在弹出的列表中选择一个图层样式命令，可为图层添加一种图层样式。
- 添加图层蒙版：单击 ■ 按钮，可为当前图层添加图层蒙版。
- 创建新的填充或调整图层：单击 ◑ 按钮，可在弹出的列表中选择相应的命令，创建对应的填充图层或调整图层。
- 创建新组：单击 ▭ 按钮，可创建一个图层组。
- 创建新图层：单击 ▭ 按钮，可在当前图层上方，新建一个图层。
- 删除图层：单击 🗑 按钮，可将当前的图层或图层组删除。在选择图层或图层组时，按【Delete】键也可删除图层。

3. 图层的类型

图层中可以包含的元素非常多，与之相应，图层的类型也很多，增加或删除任意图层都可能影响整个图像。下面分别对常见的图层类型进行介绍。

- 填充图层：可填充纯色、渐变和图案来创建具有特殊效果的图层。

- 剪贴蒙版图层：用于使下方一个图层中的图像控制其上方的多个图层的显示区域。
- 智能对象图层：指包含智能对象的图层。
- 调整图层：用于调整图像的颜色、色调等，但不会对图层中的像素有实际影响，且参数可以反复调整。
- 图层蒙版图层：用于为图层添加蒙版，可控制图像在图层中的显示区域。
- 矢量蒙版图层：可创建带矢量形状的蒙版图层。
- 形状图层：使用形状或钢笔工具绘制形状后产生的图层。图层将会自动使用前景色进行填充。
- 中性色图层：填充了中性色的特殊图层，结合使用一些图层混合模式可以叠加出特殊的图像效果。
- 图层样式图层：添加了图层样式的图层，可快速创建特效效果。
- 文字变形图层：为文字设置了变形效果的文字图层。
- 文字图层：输入文字后，自动生成的图层。
- 背景图层：新建图像时，产生的图层。始终位于面板底层，且使用斜体显示图层名称。

5.1.2 新建图层

新建图层时，首先要新建或打开一个图像文件，然后通过"图层"面板快速创建，也可以通过菜单命令进行新建。在 Photoshop 中可新建多种图层，下面讲解常用图层的新建方法。

1. 新建普通图层

新建普通图层指在当前图像文件中创建新的空白图层，新建的图层将位于当前图层的最上方。用户可通过以下两种方法进行创建。

- 选择【图层】/【新建图层】命令，打开"新建图层"对话框，在其中设置图层的名称、颜色、模式、不透明度，然后单击"确定"按钮，即可新建普通图层。

- 单击"图层"面板底部的"创建新图层"按钮，也可新建一个普通图层。

2. 新建文字图层

当用户在图像中输入文字后，"图层"面板中将自动新建一个相应的文字图层。新建文字图层的方法是在工具箱的文字工具组中选择一种文字工具。在图像中单击定位插入点，输入文字后即可得到一个文字图层。

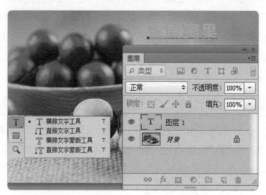

PART 05

3. 新建填充图层

选择【图层】/【新建填充图层】命令，在打开的在菜单中可创建纯色、渐变和图案填充图层，下图所示为创建渐变填充图层作为气球屋的背景效果。

4. 新建选区内的图层

在图像中创建选区后，选择【图层】/【新建】/【通过拷贝的图层】命令或按【Ctrl+J】组合键，可将选区中的图像复制到一个新的图层中，如果没有在图像中建立选区，按【Ctrl+J】组合键将实现复制整个图层的操作。下图所示是为对苹果与罐子创建选区，并将其复制到创建的新图层上的效果。

5. 新建形状图层

在工具箱的形状工具组中选择一种形状工具。在工具属性栏中设置为"形状"模式，然后在图像中绘制形状，此时"图层"面板中将自动创建一个形状图层。下图所示为使用矩形工具绘制图形后创建的形状图层。

5.1.3 创建调整图层

调整图层主要是用于精确调整图层的颜色。通过色彩命令调整颜色时，一次只能调整一个图层，而通过创建调整图层则可同时对多个图层上的图像进行调整。

1. 认识调整图层

调整图层类似于图层蒙版，由调整缩略图和图层蒙版缩略图组成。

调整缩略图由于创建调整图层时选择的色调或色彩命令不同而显示出不同的图像效果。图层蒙版随调整图层的创建而创建，默认情况下填充为白色，即表示调整图层对图像中的所有区域起作用。调整图层名称会随着创建调整图层时选择的调整命令来显示，例如当创建的调整图层是用来调整图像的色彩平衡时，则名称为"色彩平衡 1"。

2. 新建调整图层

在创建调整图层的过程中还可以根据需要对图像进行色调或色彩调整，同时在创建后也可随时修改及调整，不用担心损坏原来的图像。其具体操作如下。

STEP 1 **选择菜单命令**
选择【图层】/【新建调整图层】命令，在打开的子菜单中选择一个命令，这里选择"曲线"命令。

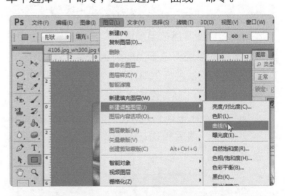

STEP 2 **设置"新建图层"对话框**
打开"新建图层"对话框，直接单击"确定"按钮。

STEP 3　查看创建的调整图层

此时将打开"曲线"属性面板，在其中进行参数调整，完成调整图层的创建。

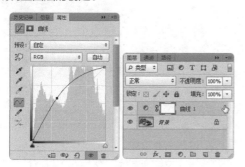

3. 编辑调整图层

调整图层创建完成后，如果用户觉得图像不理想，还可以通过调整图层继续调整图像。编辑调整图层的方法是在创建的调整图层上双击调整缩略图，打开对应的"属性"面板，在其中进行相关的色彩调整。

 操作解谜

使用前图层创建剪贴蒙版

在"新建图层"对话框中，若单击选中"使用前图层创建剪贴蒙版"复选框，则调整图层中效果只对其下面相邻的图层起作用；撤销选中，将对其下面所有的图层起作用。

 技巧秒杀

调整部分图像区域

如果只想通过调整图层调整部分图像区域，可先单击调整图层中的图层蒙版缩略图，然后使用绘图工具在蒙版中填充颜色，黑色填充的部分对应的图像区域将受到保护，不会随调整图层的调整而发生任何改变。

5.1.4　实战案例——为图像添加柔和日光

掌握了各种图层的创建操作后，就可以使用图层对图像进行编辑。下面以为图像添加柔和日光为例进行练习。

素材：光盘\素材\第 5 章\花朵 .jpg

效果：光盘\效果\第 5 章\柔和日光 .psd

STEP 1　设置前景色

在 Photoshop 中打开"花朵 .jpg"图像，在工具栏中单击前景色色块，打开"拾色器（前景色）"对话框，将前景色设为"#fff99d"。

微课：为图像添加柔和日光

STEP 2　新建图层

选择【图层】/【新建填充图层】/【渐变】命令，打开"新建图层"对话框，在"名称"文本框中可输入新建图层的名称，这里保持默认，单击"确定"按钮。

STEP 3　设置渐变色块

打开"渐变填充"对话框，在"渐变"下拉列表框中选择渐变颜色为"前景到透明"选项，然后单击渐变色块，打开"渐变编辑器"对话框，设置渐变色块左上角色标的不透明度为"80"%，在中间单击添加一个色标，设置不透明度为"50"%。

STEP 4 设置渐变参数

单击"确定"按钮返回"渐变填充"对话框，在"角度"数值框中输入"-45"度，单击"确定"按钮。

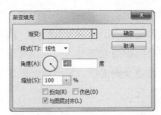

STEP 5 填充图层

应用渐变填充，同时生成填充图层，"图层"面板中将出现一个填充图层。

STEP 6 设置渐变参数

在工具箱中选择文字工具 T，然后在工具属性栏中设置字体为"汉仪凌波体简"，字号为"24 点"，颜色为"#f9d8ca"，在图像中单击鼠标，定位插入点，输入文本"岁月静好"，按【Ctrl+Enter】键确认输入，并生成文字图层。保存图像文件。

5.2 管理图层

在编辑图像的过程中，经常需要对添加的图层进行管理，如调整图层的顺序、链接图层、图层分组等，以方便用户处理图像。下面将详细介绍管理图层的相关操作。

5.2.1 复制与删除图层

复制图层就是为已存在的图层创建图层副本，对于不需要使用的图层可以将其删除，删除图层后该图层中的图像也被删除。

1. 复制图层

复制图层主要有以下两种方法。

- 在"图层"面板中复制：在"图层"面板中选择需要复制的图层，按住鼠标左键不放将其拖曳到"图层"面板底部的"创建新图层"按钮 上，释放鼠标，即可在该图层上复制一个图层副本。

● 通过菜单命令复制：选择需要复制的图层，选择【图层】/【复制图层】命令，打开"复制图层"对话框，在"为"文本框中输入图层名称并设置选项，单击"确定"按钮即可复制图层。

2. 删除图层

删除图层有以下两种方法。

● 通过菜单命令删除：在"图层"面板中选择要删除的图层，选择【图层】/【删除】/【图层】命令。

● 通过"图层"面板删除：在"图层"面板中选择要删除的图层，单击"图层"面板底部的"删除图层"按钮。

技巧秒杀

其他删除和复制图层的方法

选择要复制的图层，按【Ctrl+J】组合键也可进行复制。注意，若图像区域创建了选区，则直接复制选区中的图像生成新图层。另外，在"图层"面板中选择要删除的图层，按【Delete】键也可快速删除图层。

5.2.2　合并与盖印图层

图层数量以及图层样式的使用都会占用计算机资源，合并相同属性的图层或者删除多余的图层能减小文件的大小，同时便于管理。合并与盖印图层是图像处理中的常用操作。

1. 合并图层

合并图层就是将两个或两个以上的图层合并到一个图层上。较复杂的图像处理完成后，一般都会产生大量的图层，从而使图像变大，计算机处理速度变慢。这时可根据需要对图层进行合并，以减少图层的数量。合并图层的操作方法主要有以下 3 种。

● 合并图层：在"图层"面板中选择两个或两个以上要合并的图层，选择【图层】/【合并图层】命令或按【Ctrl+E】组合键。

● 合并可见图层：选择【图层】/【合并可见图层】命令，或按【Ctrl+Shift+E】组合键，该操作不合并隐藏的图层。

● 拼合图像：选择【图层】/【拼合图像】命令，可将"图层"面板中所有可见图层合并，并打开对话框询问是否丢弃隐藏的图层，同时以白色填充所有透明区域。

2. 盖印图层

盖印图层可以将多个图层中的图像合并到一个新建的图层中，且不会影响原始的图像效果。在制作需要精致调色的图像时，经常会使用盖印图层。盖印图

层有以下 3 种方法。

● 向下盖印：选择一个图层，按【Ctrl+Alt+E】组合键，可将该图层中的图像盖印到下方的图像中。

● 盖印多个图层：选择两个或两个以上的图层，按【Ctrl+Alt+E】组合键，可将选择的图层中的图像都盖印合并到一个新图层中。

● 盖印可见图层：按【Ctrl+Shift+Alt+E】组合键，可将所有的可见图层中的图像合并到一个新建的图层中。

5.2.3 改变图层排列顺序

在"图层"面板中，图层是按创建的先后顺序堆叠在一起的，上面图层中的内容会遮盖下面图层的内容。改变图层的排列顺序即改变图层的堆叠顺序。改变图层排列顺序的方法是选择要移动的图层，选择【图层】/【排列】命令，从打开的子菜单中选择需要的命令。

其相关选项含义如下。

- 置为顶层：将当前选择的活动图层移动到最顶部。
- 前移一层：将当前选择的活动图层向上移动一层。
- 后移一层：将当前选择的活动图层向下移动一层。
- 置为底层：将当前选择的活动图层移动到最底部。

操作解谜

鼠标拖曳调整图层顺序

使用鼠标直接在"图层"面板拖曳图层也可以改变图层的顺序。如果选择的图层在图层组中，则在选择"置为顶层"或"置为底层"命令时，可将图层调整到当前图层组的最顶层或最底层。

5.2.4 对齐与分布图层

在 Photoshop 中可通过对齐与分布图层快速调整图层内容，以实现图像间的精确移动。

1. 对齐图层

若要将多个图层中的图像内容对齐，可按【Shift】键，在"图层"面板中选择多个图层，然后选择【图层】/【对齐】命令，在子菜单中选择对齐命令进行对齐。如果所选图层与其他图层链接，则可以对齐与之链接的所有图层。

2. 分布图层

若要让更多的图层采用一定的规律均匀分布，可选择这些图层，然后选择【图层】/【分布】命令，在其子菜单中选择相应的分布命令。

底边对齐图层

右边分布图层

5.2.5 锁定与链接图层

为了方便对图层中的对象进行管理，用户可以对图层进行锁定，以限制对图层的操作；如果想对多个图层进行相同的操作，如移动、缩放等，可以先对图层进行链接，再进行操作。

1. 锁定图层

Photoshop 提供的锁定方式有锁定透明度、锁定图像像素、锁定位置、锁定全部等。需要锁定时只需在"图层"面板中单击需要锁定的图层选项即可。

- 锁定透明像素：单击▩按钮，用户只能对图层的图像区域进行编辑，而不能对透明区域进行编辑。
- 锁定图像像素：单击✔按钮，用户只能对图像进行

如移动、变形等操作，而不能对图层使用画笔、橡皮擦、滤镜等工具。

- 锁定位置：单击✛按钮，图层将不能被移动。将图像移动到指定位置后锁定图层位置，可不用担心图像的位置发生改变。
- 锁定全部：单击🔒按钮，该图层的透明像素、图像像素、位置都将被锁定。

2. 链接图层

选择两个或两个以上的图层，在"图层"面板上单击 ⊛ 按钮或选择【图层】/【链接图层】命令，即可将所选的图层链接起来。下图所示为链接相机图标与文字图层，并移动图层的位置。

技巧秒杀

取消图层间的链接

选择需要取消链接的图层，单击"图层"面板底部的"链接图层"按钮即可取消图层间的链接。

5.2.6 修改图层名称和颜色

在图层数量较多的文件中，可在"图层"面板中对各个图层命名，或设置不同颜色来区别于其他图层，以便能快速找到所需图层。

1. 修改图层名称

选择需要修改名称的图层，选择【图层】/【重命名图层】命令，或直接双击该图层的名称，使其呈可编辑状态，然后输入新的名称。

2. 修改图层颜色

选择要修改颜色的图层，在 ● 图标上单击鼠标右键，在弹出的快捷菜单中选择一种颜色。

5.2.7 显示与隐藏图层

当不需要显示图层中的图像时，可以隐藏图层。当图层前方出现 ● 图标时，该图层为可见图层。单击该图标，此时该图标将变为 ，表示该该图层不可见；再次单击 按钮，可显示图层，如右图所示为隐藏小牛图层的效果。

技巧秒杀

隐藏全部图层

选择多个图层后，选择【图层】/【隐藏图层】命令，可将所选的图层一次性隐藏起来。

5.2.8 使用图层组管理图层

当图层的数量越来越多时，可创建图层组来进行管理，将同一属性的图层归类，从而方便快速找到需要的图层。图层组以文件夹的形式显示，可以像普通图层一样执行移动、复制、链接等操作。

1. 创建图层组

选择【图层】/【新建】/【组】命令，打开"新建组"对话框。在该对话框中可以分别设置图层组的名称、颜色、模式、不透明度，单击"确定"按钮，即可在面板中创建一个空白的图层组。

在"图层"面板中单击面板底部的"创建新组"按钮 ，也可创建一个图层组。选择创建的图层组，

单击面板底部的"创建新图层"按钮 □，可在该图层组中创建一个新图层。

2. 从所选图层创建图层组

若要将多个图层创建在一个组内，可先选择这些图层，然后选择【图层】【图层编组】命令，或按【Ctrl+G】组合键进行编组。编组后，可单击组前的三角图标▷展开或者收缩图层组。

 操作解谜

从图层新建组

选择图层后，选择【图层】/【新建】/【从图层建立组】命令，打开"从图层新建组"对话框，在其中设置图层组的名称、颜色、模式等属性，可将其创建在设置特定属性的图层组内。

3. 创建嵌套结构的图层组

创建图层组后，在图层组内还可以继续创建新的图层组，这种多级结构的图层组称为嵌套图层组。

4. 将图层移入或移出图层组

创建图层组后，用户可在"图层"面板中直接将图层拖入到图层组的名称上，释放鼠标即可将该图层放置图层组中。一般先拖入的图层的位置会比较靠前，此时可拖曳图层调整其堆叠顺序，选择多个图层，可一次性拖曳多个图层到图层组中。若需要将图层移除图层组，可先展开图层组，将图层拖曳到图层组外。

5. 取消图层编组

创建图层组后，选择需要删除的图层，再选择【图层】/【删除】/【组】命令，或使用鼠标将组拖曳到 🗑 按钮上，可删除图层组以及图层组中的所有图层。若需要在删除图层组的同时保留图层组中的图层，可取消图层编组，其方法是：选择图层组，选择【图层】/【取消图层编组】命令，或按【Ctrl+Shift+G】组合键。

5.2.9 栅格化图层内容

若要使用绘画工具编辑文字图层、形状图层、矢量蒙版、智能对象等包含矢量数据的图层，需要先将其转换为位图，然后才能进行编辑。转换为位图的操作即为栅格化。

选择需要栅格化的图层，选择【图层】/【栅格化】命令，在其子菜单中可选择栅格化图层选项。

其部分命令含义如下。

🔹 **文字**：栅格化文字图层，使文字变为光栅图像，即位图。栅格化以后，不能使用文字工具修改文字。

🔹 **形状/填充内容/矢量蒙版**：选择"形状"命令，可以栅格化形状图层；选择"填充内容"命令，可以栅格化形状图层的填充内容，并基于形状创建矢量蒙版；选择"矢量蒙版"命令，可以栅格化矢量蒙版，将其转换为图层蒙版。

- 🔲 **智能对象**：栅格化智能对象，使其转换为像素。
- 🔲 **视频**：栅格化视频图层，选择的图层将拼合到"时间轴"面板中所选的当前帧的图层中。

- 🔲 **3D**：栅格化 3D 图层。
- 🔲 **图层样式**：栅格化图层样式，将其应用到图层内容中。
- 🔲 **图层 / 所有图层**：选择"图层"命令，可栅格化当前选择的图层；选择"所有图层"命令，可栅格化包含矢量数据、智能对象、生成数据的所有图层。

5.2.10 清除图像杂边

在移动或粘贴选区时，选区边框周围的一些像素也包含在选区内。这时选择【图层】/【修边】命令，在打开的子菜单中可选择相应的命令清除这些多余的像素。

其相关命令含义如下。

- 🔲 **颜色净化**：去除彩色杂边。
- 🔲 **去边**：用包含纯色（不含背景色的颜色）的邻近像素颜色替换任何边缘像素的颜色。

- 🔲 **移去黑色杂边**：若将黑色背景上创建的消除锯齿的选区粘贴到其他颜色的背景上，可选择该命令消除黑色杂边。
- 🔲 **移去白色杂边**：若将白色背景上创建的消除锯齿的选区粘贴到其他颜色的背景上，可选择该命令消除白色杂边。

5.2.11 实战案例——合成草莓城堡

本例将利用白云、草莓、飞鸟和城堡等不同的场景制作"草莓城堡"，主要涉及图层的创建、图层顺序的更改、图层的链接等操作。

微课：合成草莓城堡

| 素材：光盘 \ 素材 \ 第 5 章 \ 草莓城堡 \ |
| 效果：光盘 \ 效果 \ 第 5 章 \ 草莓城堡 .psd |

STEP 1 **打开素材文件**

打开"白云 .jpg"素材文件，然后将其存储为"草莓城堡 .psd"文件。

STEP 2 **新建图层**

❶在"图层"面板底部单击"新建图层"按钮；❷新建"图层 1"；❸在工具箱中选择渐变工具；❹在工具属性栏中单击"渐变编辑器"按钮，打开"渐变编辑器"对话框。

STEP 3 **设置渐变颜色**

❶在渐变条左下侧单击滑块；❷在"色标"栏的"颜色"色块上单击；❸打开"拾色器（色标颜色）"对话框，

设置颜色为"深绿色（#478211）"；④单击"确定"按钮。

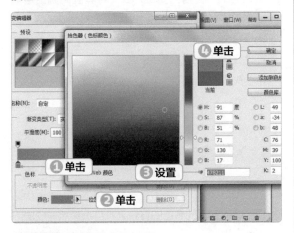

STEP 4　设置其他渐变颜色

①在渐变条下方需要的位置单击，添加色块；②利用相同的方法设置颜色为"黄色（#f5f9b5）"，设置右侧的色块颜色为"蓝色（#4d95ba）"；③单击"确定"按钮。

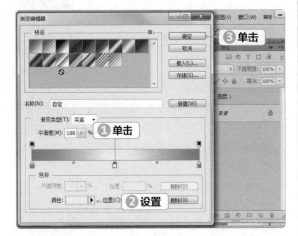

技巧秒杀

设置填充的不透明度

在"渐变编辑器"对话框中，渐变条上方的滑块用于设置颜色的不透明度。

STEP 5　填充渐变色

①在新建的图层上由上向下拖曳鼠标，渐变填充"图层1"，在"混合模式"下拉列表框中选择"强光"选项；②返回图像编辑窗口，查看添加混合模式后的渐变效果。

STEP 6　使用"新建图层"对话框新建图层

①选择【图层】/【新建】/【图层】命令，或按【Ctrl+Shift+N】组合键打开"新建图层"对话框，在"名称"文本框中输入"深绿"文本；②在"颜色"下拉列表中选择"绿色"选项；③单击"确定"按钮，即可新建一个透明普通图层。

STEP 7　继续添加叠加效果

①再次选择渐变工具；②设置渐变样式为"由黑色到透明"样式；③在图像中从右下向左上拖曳鼠标渐变填充图层，并设置图层混合模式为"叠加"；④查看添加样式后的效果。

STEP 8 抠取"草莓"图像

❶打开"草莓.jpg"素材文件，选择魔法棒工具；
❷选取草莓的背景图像，并按【Ctrl+Shift+I】组合键
反选"草莓"图像。

STEP 9 调整草莓图像大小

使用移动工具将"草莓"选区拖曳到"草莓城堡.psd"
图像中，按【Ctrl+T】组合键进入变换状态，按住
【Shift】键调整图像大小，然后调整图像的方向，并
放置到合适的位置。

STEP 10 调整草莓阴影大小

打开"草莓阴影.psd"素材文件，使用移动工具将其
拖曳到"草莓城堡.psd"图像中，按【Ctrl+T】组合
键进入变换状态，按住【Shift】键调整图像大小，并
放置到合适的位置。

STEP 11 选择图层调整阴影位置

在"图层"面板中选择"草莓阴影"图层，按住鼠标
左键不放，将其拖曳到"图层2"的下方并调整图层
位置，此时可发现草莓阴影已在草莓的下方。

STEP 12 添加"石板"素材文件

❶打开"石板.jpg"素材文件，选择矩形选框工具；
❷在工具属性栏中设置"羽化"为"20像素"；
❸在石板的小石子区域绘制矩形选框。

STEP 13 调整石板位置

选择移动工具将石板移动到草莓城堡中，按【Ctrl+T】
组合键，将图像调整到合适位置。

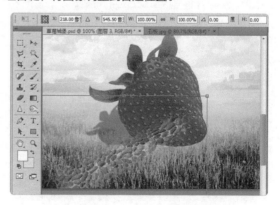

STEP 14 重命名图层

❶在打开的"图层"面板中选择"图层2"，选择【图层】/【重命名图层】命令；❷此时所选图层将呈可编辑状态，在其中输入"草莓"。

STEP 15 双击重命名图层

在打开的"图层"面板中选择"图层3"，在图层名称上双击鼠标左键，此时图层名称将变为可编辑状态，在其中输入新名称，这里输入"石子路"。

STEP 16 添加"城堡"素材文件

打开"城堡.psd"素材文件，使用移动工具将其拖曳到"草莓城堡.psd"图像中，按【Ctrl+T】组合键调整图像大小，并将其放置到合适的位置。

STEP 17 添加其他素材文件

使用相同的方法，打开"飞鸟.psd""飞鸟1.psd""叶子.psd"素材文件，使用移动工具分别将对应的图像拖到"草莓城堡.psd"图像中，按【Ctrl+T】组合键调整图像大小，并将其放置到合适的位置。

STEP 18 为图层命名

选择"飞鸟.psd"所在的图层，在图层名称上双击鼠标左键，此时图层名称将变为可编辑状态，在其中输入新名称，这里输入"飞鸟1"。使用相同的方法，将其他图层分别命名为"绿草""飞鸟2""城堡装饰"。

STEP 19 使用命令移动图层

❶在"图层"面板中选择"石子路"图层，选择【图层】/【排列】/【后移一层】命令，或按【Ctrl+[】组合键将其向下移动两个图层，使其位于草莓阴影的下方；❷返回图像编辑窗口，即可发现"石子路"在草莓的下方显示。

STEP 20　使用拖曳鼠标的方法移动图层

选择"飞鸟1"图层，按住鼠标左键不放，将其拖曳到"草莓阴影"图层的下方，调整图层位置。使用相同的方法，将"飞鸟2"和"绿草"图层拖曳到"飞鸟1"和"石子路"图层下方。

STEP 21　使用命令新建组

❶选择【图层】/【新建】/【组】命令；❷打开"新建组"对话框，在"名称"文本框中输入组名称"草莓城堡"，其他保持默认；❸单击"确定"按钮，完成新建组操作。

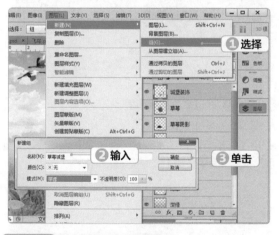

STEP 22　将图层拖曳到新建组中

❶按住【Shift】不放，分别选择"城堡装饰""草莓""草莓阴影"图层；❷按住鼠标左键不放，向上拖曳到"草莓城堡"图层上，将图层添加到新组中，此时会发现所选图层在"草莓城堡"图层组的下方显示。

STEP 23　使用按钮新建图层组

❶在"图层"面板下方单击"新建组"按钮，新建图层组"组1"；❷双击图层组名称，使其呈可编辑状态，在其中输入"草莓城堡辅助图层"；❸选择需要移动到该图层组中的图层，这里选择"石子路""绿草"，按住鼠标左键不放，将其拖曳到"草莓城堡辅助图层"图层组中。

STEP 24　通过命令复制图层

❶在"图层"面板中选择"飞鸟1"图层，选择【图层】/【复制图层】命令；❷打开"复制图层"对话框，单击"确定"按钮。

STEP 25 调整复制图层的位置

❶在工具箱中选择移动工具；❷将鼠标指针移动到图像编辑窗口的"飞鸟1"上，按住鼠标左键不放进行拖曳，即可看到复制的图层与原图层分离，按【Ctrl+T】组合键调整复制图层的大小并旋转角度。

STEP 26 通过按钮复制图层

继续选择"飞鸟1"图层，在其上按住鼠标左键不放，向下拖曳到面板底部的"新建图层"按钮上，释放鼠标也可复制一个图层，其默认名称为所选图层的副本图层。

STEP 27 调整复制图层的位置

❶通过自由变换，调整复制图层的大小和位置；❷将鼠标指针移动到图像编辑窗口的"飞鸟2"上，按住【Alt】键不放，拖曳鼠标复制"飞鸟2"，再次通过自由变换调整复制图像的大小和位置，完成复制操作。

STEP 28 通过按钮链接图层

❶按住【Shift】键选择"飞鸟1"所在的3个图层；❷在"图层"面板底部单击"链接"按钮，即可将所选图层链接。

STEP 29 通过命令链接图层

❶按住【Shift】键选择"飞鸟2"所在的两个图层；❷单击鼠标右键，在弹出的快捷菜单中选择"链接图层"命令，即可对选择的图层进行链接。

STEP 30 锁定图层组

❶在"图层"面板中选择"草莓城堡"图层组；❷在其上单击"锁定全部"按钮，图层将被全部锁定，不能再对其进行任何操作，展开图层组，可发现图层组中的图层也全部被锁定。

STEP 31 锁定位置

❶按住【Shift】键选择"飞鸟1"所在的3个图层；❷在图层上单击"锁定位置"按钮，此时，将不能对图层位置进行移动。

STEP 32 合并图层

❶按住【Ctrl】键分别选择"深绿"和"背景"图层；❷在图层上单击鼠标右键，在弹出的快捷菜单中选择"合并图层"命令。

STEP 33 查看合并后的效果

返回"图层"面板，可发现"深绿"图层已被合并，而对应的"背景"图层颜色变深。按【Ctrl+S】组合键对图像进行保存，查看完成后的效果。

5.3 设置图层混合模式和不透明度

图层的混合模式在图像处理过程中起着非常重要的作用，主要用来调整图层间的相互关系，从而生成新的图像效果。本节将详细介绍图层混合模式的使用，以及不透明度的调整方法。

5.3.1 设置图层混合模式

图层混合模式是指对上一层图层与下一层图层的像素进行混合，从而得到一种新的图像效果。通常情况下，上层的像素会覆盖下层的像素。Photoshop中的图层混合模式分为6组，共有27种，每组中的混合模式都可产生相似或相近的效果。打开"图层"面板，在"混合"列表中即可查看所有的图层混合模式。

Photoshop 预设的图层混合模式的效果各有不同，为熟练使用它们制作图像，用户需要了解它们的效果。下面将打开下图所示的分层图像，分组讲解各图层混合模式可产生的效果。

1. 组合模式组

该模式只有降低图层的不透明度，才能产生效果。

🔹 **正常模式：**Photoshop 默认的混合模式，图层不透明度为 100% 时，上方的图层可完全遮盖下方的图层。

🔹 **溶解模式：**当选择该混合模式，并将图层的不透明度降低时，半透明区域中的像素将会出现颗粒化的效果。

2. 加深模式组

该模式可使图像变暗，在混合时当前图层的白色将被较深的颜色代替。

🔹 **变暗模式：**将上层图层和下层图层比较，上层图层中较亮的像素将会被下层较暗的像素替换，而亮度值比下层像素低的像素将保持不变。

🔹 **正片叠底模式：**上层图像中的像素与下层图像中白色的重合区域颜色保持不变，与下层图像中黑色的重合区域颜色替换，使图像变暗。

🔹 **颜色加深模式：**加深深色图像区域的对比度，下面图层中的白色不会发生变化。

🔹 **线性加深模式：**通过减小亮度的方法来使像素变暗，但其颜色会比"正片叠底"模式丰富。

🔹 **深色模式：**比较上下两个图层所有颜色通道值的总和，然后显示颜色值较低的部分。

3. 减淡模式组

该模式可使图像变亮，在混合时当前图层的黑色将被较浅的颜色代替。

🔹 **变亮模式：**其效果与"变暗"模式正好相反，上层图层中较亮的像素将替换下层图层中较暗的像素，而较暗的像素则会被下层图层中较亮的像素代替。

🔹 **滤色模式：**其效果与"正片叠底"模式正好相反，可产生图像变白的效果。

PART 05

颜色减淡模式：其效果与"颜色加深"模式正好相反，它通过降低对比度的方法来加亮下层图层的图像，使图像颜色更加饱和，颜色更艳丽。

线性减淡（添加）模式：其效果与"线性加深"模式效果正好相反。它通过增加亮度的方法来减淡图像颜色。

浅色模式：比较上下两个图层中所有颜色通道值的总和，然后显示颜色值较高的部分。

4. 对比模式组

该模式可增强图像的反差，在混合时 50% 的灰度将会消失，亮度高于 50% 灰色的图像可加亮图层颜色，亮度低于 50% 灰色的图像可降低图层颜色。

叠加模式：增强图像的颜色的同时，保存底层图层的高光与暗调图像效果。

柔光模式：通过上层图层决定图像变亮或变暗。当上层图层中的像素比 50% 灰色亮，图像将变亮；当上层图层中的像素比 50% 灰色暗，图像将变暗。

强光模式：上层图层中比 50% 灰色亮的像素将变亮；比 50% 灰色暗的像素将变暗。

亮光模式：上层图层中颜色像素比 50% 灰度亮，将会通过增加对比度的方法使图像变亮；上层图层中颜色像素比 50% 灰度暗，将会通过增加对比度的方法使图像变暗，混合后的图像颜色会变饱和。

线性光模式：上层图层中颜色像素比 50% 灰度亮，将会通过增加亮度的方法使图像变亮；上层图层中颜色像素比 50% 灰度暗，将会通过增加亮度的方法使图像变暗。

点光模式：上层图层中颜色像素比 50% 灰度亮，则替换暗像素；上层图层中颜色像素比 50% 灰度暗，则替换亮像素。

实色混合模式：上层图层中颜色像素比 50% 灰度亮，下层图层将变亮；上层图层中颜色像素比 50% 灰度暗，下层图层将变暗。

5. 比较模式组

该模式可比较当前图层和下方图层，若有相同的区域，该区域将变为黑色。不同的区域则会显示为灰度层次或彩色。若图像中出现了白色，则白色区域将会显示下方图层的反相色，但黑色区域不会发生变化。

差值模式：上层图层中白色区域会让下层图层颜色区域产生反相效果，但黑色区域将不会发生变化。

排除模式：混合原理与"差值"模式基本相同，但该混合模式可创建对比度更低的混合效果。

● 减去模式：在目标通道中应用的像素基础上减去源通道中的像素值。

● 划分模式：查看每个通道中的颜色信息，再从基色中划分混合色。

6. 色彩模式组

该模式可将色彩分为色相、饱和度和亮度这 3 种成分，然后将其中的一种或两种成分互相混合。

● 色相模式：上层图层的色相将被应用到下层图层的亮度和饱和度中，可改变下层图层图像的色相，但并不对其亮度与饱和度进行修改。此外，图像中的黑、白、灰区域也不会受到影响。

● 饱和度模式：将上层图层的饱和度应用到下层图层

的亮度和色相中，并改变下层图层的饱和度。但不会对下层图层的亮度和色相产生影响。

● 颜色模式：将上层图层的色相与饱和度应用到下层图层中，但不会影响下层图层的亮度。

● 明度模式：将上层图层中的亮度应用到下层图层的颜色中，并改变下层图层的亮度。但不会改变下层图层的色相与饱和度。

技巧秒杀

混合模式

设置混合模式时，为了得到更好的混合效果，可尝试使用多种混合模式，然后进行对比选择。

5.3.2 设置图层不透明度

通过设置图层的不透明度可以使图层产生透明或半透明效果，其方法为在"图层"面板右上方的"不透明度"数值框中输入数值来进行设置，范围是 0% ~ 100%。

要设置某图层的不透明度，应先在"图层"面板中选择该图层，当图层的不透明度小于 100% 时，将显示该图层和下面图层的图像，不透明度值越小，就越透明；当不透明度值为 0% 时，该图层将不会显示，而完全显示其下面图层的内容。

下图所示为具有两个图层的图像，背景图层上是一个"花环"图像，将"花环"所在图层的不透明度分别设置为 70% 和 40% 的效果。

5.4 使用图层样式

在 Photoshop 中，通过为图层应用图层样式，可以制作一些丰富的图像效果。如水晶、金属和纹理等效果，都可以通过为图层设置投影、发光和浮雕等图层样式来实现。下面讲解对图层应用图层样式的方法，以及各图层样式的特点。

5.4.1 添加图层样式

Photoshop 提供了 10 种图层样式效果，它们全都被列举在"图层样式"对话框的"样式"栏中，样式名称前有个复选框，当其为选中状态时表示该图层应用了该样式，取消选中可停用样式。当用户单击样式名称时，将打开对应的设置面板，单击"确定"按钮即可完成图层样式的添加。下图所示为添加并设置"描边"图层样式的效果。

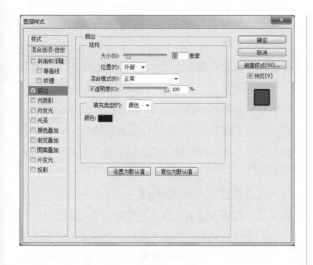

要添加图层样式，就需要先打开"图层样式"对话框，Photoshop 为用户提供了多种打开"图层样式"对话框的方法，具体介绍如下。

- 通过命令打开：选择【图层】/【图层样式】命令，在打开的子菜单中选择一种图像样式命令，Photoshop 将打开"图层样式"对话框，并展开对应的设置面板。
- 通过按钮打开：在"图层"面板底部单击"添加图层样式"按钮，在打开的列表中选择需要创建的样式选项，即可打开"图层样式"对话框，并展开对应的设置面板。
- 通过双击图层打开：在需要添加图层样式的图层上双击，Photoshop 将打开"图层样式"对话框。

5.4.2 设置图层样式

Photoshop CS6 提供了多种图层样式，用户应用其中一种或多种样式后，就可以制作出光照、阴影、斜面、浮雕等特殊效果。

1. 混合选项

混合选项图层样式可以控制图层与其下面的图层像素混合的方式。选择【图层】/【图层样式】命令，即可打开"图层样式"对话框，在其中可对整个图层的不透明度与混合模式进行详细设置，其中某些设置可以直接在"图层"面板上进行。

混合选项中包括常规混合、高级混合、混合颜色带等，其含义如下。

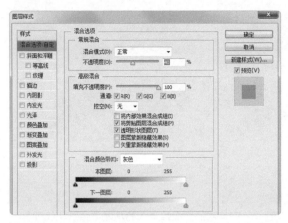

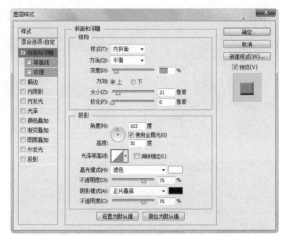

* "常规混合"栏：此栏中的"混合模式"用于设置图层之间的色彩混合模式，单击右侧的下拉按钮，在打开的下拉列表中可以选择图层和下方图层之间的混合模式；"不透明度"用于设置当前图层的不透明度，与在"图层"面板中的操作一样。

* "高级混合"栏：此栏中的"填充不透明度"数值框用于设置当前图层上应用填充操作的不透明度；"通道"用于控制单独通道的混合；"挖空"下拉列表框用于控制通过内部透明区域的视图，其下方的"将内部效果混合成组"复选框用于将内部形式的图层效果与内部图层混合。

* "混合颜色带"栏：此栏用于设置进行混合的像素范围。单击右侧的下拉按钮，在打开的下拉列表中可以选择颜色通道，与当前的图像色彩模式相对应。若是 RGB 模式的图像，则下拉列表包含灰色、红色、绿色、蓝色 4 个选项。若是 CMYK 模式的图像，则下拉列表包含灰色、青色、洋红、黄色、黑色 5 个选项。

* 本图层：拖曳滑块可设置当前图层所选通道中参与混合的像素范围，其值为 0~255。左右两个三角形滑块之间的像素就是参与混合的像素范围。

* 下一图层：拖曳滑块可设置当前图层下一层中参与混合的像素范围，其值为 0~255。左右两个三角形滑块之间的像素就是参与混合的像素范围。

2. 斜面和浮雕

使用"斜面和浮雕"效果可以为图层添加高光和阴影的效果，让图像看起来更加立体生动。下图所示为"斜面和浮雕"设置面板，以及为雨伞图层添加"斜面和浮雕"样式前后的效果。

"斜面和浮雕"设置面板中各选项作用如下。

* 样式：设置斜面和浮雕的样式，包括"外斜面""内斜面""浮雕效果""枕状浮雕""描边浮雕"等。

* 方法：设置创建浮雕的方法，包括"平滑""雕刻清晰""雕刻柔和"。

* 深度：设置浮雕斜面的深度，其中数值越大，图像立体感越强。

* 方向：设置光照方向，以确定高光和阴影的位置。

* 大小：设置斜面和浮雕中阴影面积的大小。

* 软化：设置斜面和浮雕的柔和程度，数值越小图像越硬。

* 角度：设置光源的照射角度。

* 高度：设置光源的高度。在设置高度和角度时，用户可直接在数值框中输入数值，也可使用鼠标拖曳圆形中的空白点直观地对角度和高度进行设置。

* 使用全局光：单击选中"使用全局光"复选框，可以让所有的浮雕样式的光照角度保持一致。

* 光泽等高线：单击旁边的按钮，在弹出的选择列表框中可为斜面和浮雕效果添加光泽，创建金属质感的物体时，经常会使用该下拉列表。

* 消除锯齿：单击选中"消除锯齿"复选框，可消除设置光泽等高线出现的锯齿效果。

* 高光模式：设置高光部分的混合模式、颜色以及不

透明度。

🔹 **阴影模式**：设置阴影部分的混合模式、颜色以及不透明度。

（1）设置等高线

通过"等高线"效果可以为图层添加凹凸、起伏的效果。"等高线"效果是在设置斜面和浮雕的基础上进行的，在"图层样式"的"样式"选项栏中单击选中"等高线"复选框，打开"等高线"设置面板，选择等高线的类型，设置等高线的范围即可。

（2）设置纹理

通过"纹理"效果可以在图层的斜面和浮雕效果中添加纹理效果，在"图层样式"的"样式"选项栏中单击选中"纹理"复选框，打开"纹理"设置面板，在其中可设置纹理、缩放、深度等参数。

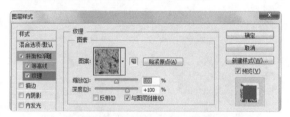

"纹理"设置面板中各选项作用如下。

🔹 **图案**：单击其右边的 按钮，可在打开的列表框中选择一个图案，并将其应用于斜面和浮雕效果中。

🔹 **从当前图案创建新的预设**：单击 按钮，可将当前设置的图案创建为一个新的预设图案，新图案将保留在"图案"的选择列表中。

🔹 **缩放**：用于调整图案的缩放大小。

🔹 **深度**：用于设置图案纹理的应用程度。

🔹 **反相**：单击选中"反相"复选框，可反转图案纹理的凹凸方向。

🔹 **与图层链接**：单击选中"与图层链接"复选框，将图案与图层链接在一起，对图层进行操作时，图案也会跟着变化。单击"贴紧原点"按钮，可将图案的原点与图像的原点对齐。

3. 描边

使用"描边"效果可以使用颜色、渐变或图案等对图层边缘进行描边，其效果与"描边"命令类似。下图所示为"描边"设置面板，以及分别为吉他图层添加颜色描边和渐变颜色描边的效果。

4. 内阴影

使用"内阴影"效果可以在图层内容的边缘内侧添加阴影效果，制作陷入的效果。下图所示为"内阴影"设置面板。

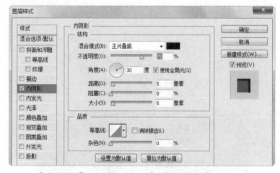

"内阴影"设置面板中各选项作用如下。

🔹 **混合模式**：用于设置内阴影与图层混合模式，单击右侧颜色块，可设置内阴影的颜色。

◈ 角度：用于设置内阴影的光照角度。指针方向为光源方向，反向则表示投影方向。

◈ 使用全局光：撤销选中该复选框，可保持所有光照角度一致，取消选中该复选框，则可为不同图层应用不同光照角度。

◈ 距离：用于设置内阴影偏移图层内容的距离。

◈ 阻塞：用于控制阴影边缘的渐变程度。下图所示是阻塞为"0"和阻塞为"100"的对比效果。

◈ 大小：用于设置投影的模糊范围，值越大范围越大。

◈ 等高线：在其中可设置阴影的轮廓形状。

◈ 杂色：在其中可设置是否使用杂色点来对阴影进行填充。

◈ 角度：用于设置光源的照射角度。

5. 内发光

使用"内发光"效果可沿着图层内容的边缘内侧添加发光效果。下图所示为"内发光"设置面板，以及设置内发光前后的效果。

"内发光"设置面板中各选项作用如下。

◈ 源：用于控制发光光源的位置。单击选中"居中"单选按钮，将从图层内容中间发光；单击选中"边缘"单选按钮，将从图层内容边缘发光。

◈ 阻塞：用于设置模糊收缩内发光的杂边边界。

6. 光泽

使用"光泽"效果可以为图层图像添加光滑而有内部阴影的效果，常用于模拟金属的光泽效果。下图所示为"光泽"设置面板。

在"光泽"设置面板中可通过使用"等高线"选项来控制光泽的样式。下图所示为"锥心"和"环形—双"的等高线样式的光泽效果。

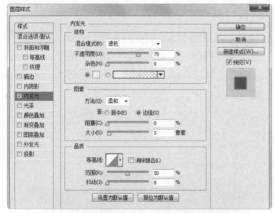

7. 颜色叠加

使用"颜色叠加"效果可以为图层图像叠加自定的颜色，常用于更改图像的部分色彩。下图所示为"颜色叠加"设置面板。

在"颜色叠加"设置面板中用户可以通过设置颜色、混合模式以及不透明度，来对叠加效果进行设置。下图所示为通过颜色叠加更改唇色的效果。

8. 渐变叠加

使用"渐变叠加"效果，可以为图层图像中单纯的颜色添加渐变色，从而使图层图像颜色看起来更加丰富、丰满。下图所示为"渐变叠加"设置面板，以及设置渐变叠加后的灯泡效果。

9. 图案叠加

使用"图案叠加"效果，可以为图层图像添加指定的图案。下图所示为"图案叠加"设置面板，以及为衬衣设置图案叠加前后的效果。

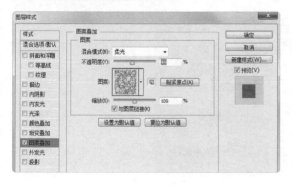

10. 外发光

使用"外发光"效果，可以沿图层图像边缘向外创建发光效果。下图所示为"外发光"设置面板。

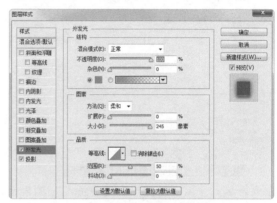

设置"外发光"后，可调整发光范围的大小、发光颜色，以及混合方式等参数。下图所示为为商品添加外发光图层样式的前后对比效果。

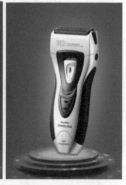

"外发光"设置面板中常用选项的作用如下。

🔹 **混合模式**：设置发光效果与下面图层的混合方式。

🔹 **不透明度**：用于设置发光效果的不透明度，数值越高，发光效果越明显。

🔹 **杂色**：设置发光效果在图像中产生的随机杂点。

🔹 **发光颜色**：用于设置发光效果的颜色。单击左侧的色块，在打开的"拾色器"对话框中可设置单色的发光颜色。单击右边的渐变条，在打开的"渐变编辑器"对话框中可设置渐变发光的效果。

🔹 **方法**：用于设置发光的方式，控制发光的准确程度。

◈ 扩展：用于设置发光范围的大小。

◈ 大小：用于设置发光效果产生的光晕大小。

11. 投影

使用"投影"效果可为图层图像添加投影效果，常用于增加图像立体感。下图所示为"投影"设置面板，在该面板中可设置投影的颜色、大小、角度等参数，设置完成后单击"确定"按钮可查看效果。

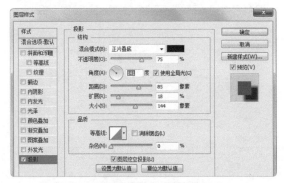

"投影"设置面板中各选项作用如下。

◈ 混合模式：用于设置投影与下面图层的混合方式。

◈ 投影颜色：单击颜色块，在打开的"拾色器"对话框中可设置投影颜色。

◈ 不透明度：用于设置投影的不透明度，数值越大，投影效果越明显。

◈ 角度：用于设置投影效果在下方图层中显示的角度。

◈ 使用全局光：单击选中"使用全局光"复选框，可保证所有图层中的光照角度相同。

◈ 距离：用于设置投影偏离图层内容的距离，数值越大，偏离得越远。

◈ 扩展：用于设置扩张范围，该范围直接受"大小"选项影响。

◈ 大小：用于设置投影的模糊范围，数值越高，模糊范围越广。

◈ 等高线：用于控制投影的影响。下图所示分别为设置等高线为"内凹—深""锯齿 1"的对比效果。

◈ 消除锯齿：可混合等高线边缘的像素，平滑像素渐变。

◈ 杂色：用于控制在投影中添加杂色点的数量。数值越高，杂色点越多。

◈ 图层挖空投影：用于设置当图层为半透明状态时图层投影的可见性。若图层不透明度小于 100%，单击选中"图层挖空投影"复选框，则半透明图层中的投影会消失。

边学边做

1. 制作浮雕炫彩花纹字

"浮雕炫彩花纹字"属于文字特效中的一种，它通过对文字添加纹理和浮雕等效果，从而制作出逼真的浮雕纹理。下面将应用图层样式制作浮雕炫彩花纹字。

提示如下。

🔹 打开"古典花纹 .jpg"图像，并将其自定义为图案。

🔹 添加斜面与浮雕、外发光、渐变叠加、图案叠加等图层样式效果。

🔹 保存设置的图层样式，并应用到其他文字上，调整色相／饱和度，最后保存文件完成本例的操作。

2. 合成"音乐海报"图像

"音乐海报"是海报中的一种，常用于演唱类节目的宣传。下面将制作对学校音乐节进行宣传的音乐海报，主要以简单的人物矢量图和图形体现海报风格，并通过音乐节标语和时间说明让海报内容更加完整。

提示如下。

🔹 添加"音乐节海报"的各种素材，设置混合模式，制作海报背景。

🔹 为图层添加各种样式，如"投影""内阴影""外发光""内发光"等，通过为图层应用图层样式，丰富图像效果。

🔹 绘制图形，并设置图层的不透明度，最后保存文件完成本例的操作。

 高手竞技场

1. 制作童话书籍封面

通过对"童话书籍封面 .psd"图像文件中的图层进行新建、移动、重命名和合并图层等操作，进一步巩固图层的基本操作方法，提示如下。

🔹 打开"童话书籍封面 .psd"图像文件，新建纯色图层。

🔹 打开"拾色器（纯色）"对话框，设置图层的填充颜色为白色。

🔹 使用鼠标拖曳的方法，调整图层的位置，并对各个图层应用不同的名称，并添加阴影效果。

🔹 完成后对图层进行合并操作让其呈单个图层显示。

2. 制作天上城堡

　　打开"背景 .jpg"图像，再打开"城堡 .jpg"图像，为城堡图像建立选区，然后使用移动工具将城堡移动到"背景"图像中。设置图层混合模式和颜色，使城堡融入到天空的云层中，再添加一些云朵素材，调整云朵颜色，制作城堡漂浮在云层中的效果。

06 Chapter
第 6 章

调整图像色彩

/本章导读

本章将详细讲解在 Photoshop CS6 中使用各种色彩命令调整图像色彩的方法,其中包括调整图像明暗度、饱和度、替换颜色,添加渐变颜色效果等知识。读者通过本章的学习能够熟练使用相关的调色命令进行调色。

6.1 调整图像全局色彩

Photoshop CS6 作为一款专业的平面图像处理软件，内置了多种全局色彩调整命令。本节将详细介绍调整图像全局色彩的知识，使读者能够对图像色彩进行分析，并能使用相关的色彩调整命令对图像色彩进行调整。

6.1.1 使用"色阶"命令

使用"色阶"命令可以调整图像的高光、中间调、暗调的强度级别，校正色调范围和色彩平衡，即不仅可以调整色调，还可以调整色彩。

使用"色阶"命令可以对整个图像进行操作，也可以对图像的某一范围、某一图层图像、某一颜色通道进行调整。方法是选择【图像】/【调整】/【色阶】命令或按【Ctrl+L】组合键打开"色阶"对话框。

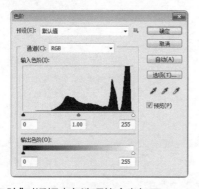

"色阶"对话框中各选项的含义如下。

- "预设"下拉列表框：单击"预设"选项右侧的 按钮，在打开的下拉列表中选择"存储"选项，可将当前的调整参数保存为一个预设文件。在使用相同的方式处理其他图像时，可以用预设的文件自动完成调整。

- "通道"下拉列表框：在其下拉列表中可以选择要调整的颜色通道。调整通道会改变图像颜色。

- 输入色阶：左侧滑块用于调整图像的暗部，中间滑块用于调整中间色调，右侧滑块用于调整亮部。可通过拖曳滑块或在滑块下的数值框中输入数值进行调整。调整暗部时，低于该值的像素将变为黑色；调整亮部时，高于该值的像素将变为白色。

- 输出色阶：用于限制图像的亮度范围，从而降低图像对比度，使其呈现褪色效果。

- "设置黑场"按钮 ：使用该工具在图像上单击，可将单击点的像素调整为黑色，原图中比该点暗的像素也变为黑色。

- "设置灰场"按钮 ：使用该工具在图像上单击，可根据单击点像素的亮度来调整其他中间色调的平均亮度。该按钮常用于校正偏色。

- "设置白场"按钮 ：使用该工具在图像上单击，可将单击点的像素调整为白色，比该点亮度值高的像素都将变为白色。

PART 06

❧ "自动"按钮：单击该按钮，Photoshop 会以 0.5% 的比例自动调整色阶，使图像的亮度分布更加均匀。

❧ "选项"按钮：单击该按钮，将打开"自动颜色校正选项"对话框，在其中可设置黑色像素和白色像素的比例。

6.1.2 自动调整颜色

Photoshop CS6 提供了自动调整颜色命令，选择"图像"菜单命令，在打开的菜单中可看到自动色调、自动对比度和自动颜色 3 个命令。

❧ 自动色调：该命令可自动调整图像中的黑场和白场，将每个颜色通道中最亮和最暗的像素映射到纯白（色阶为 255）和纯黑（色阶为 0），中间像素值按比例重新分布，从而增强图像的对比度。下图为应用该命令后的图像对比。

❧ 自动颜色：该命令可通过搜索图像来标识阴影、中间调、高光，从而调整图像的对比度和颜色，还可以校正偏色的照片。下图为校正偏蓝的图像。

❧ 自动对比度：该命令可自动调整图像的对比度，使高光看上去更亮、阴影看上去更暗。下图为应用该命令后的图像对比。

6.1.3 使用"曲线"命令

使用"曲线"命令也可以调整图像的亮度、对比度、纠正偏色等，但与"色阶"命令相比，该命令的调整更为精确，是选项最丰富、功能最强大的颜色调整工具。它允许调整图像色调曲线上的任意一点，对调整图像色彩的应用非常广泛。

STEP 1 打开"曲线"对话框
打开任意一幅图像后，选择【图像】/【调整】/【曲线】命令或按【Ctrl+M】组合键，打开"曲线"对话框。

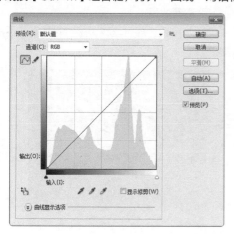

技巧秒杀

"曲线"对话框相关选项的含义

"通道"下拉列表中显示当前图像文件色彩模式，可从中选择单色通道对单一的色彩进行调整。"编辑点以修改曲线"按钮 是系统默认的曲线工具，单击该按钮后，可以通过拖曳曲线上的调节点来调整图像的色调。单击"通过绘制来修改曲线"按钮，可在曲线图中绘制自由形状的色调曲线。"曲线显示选项"栏，单击名称前的 按钮，可以展开隐藏的选项，展开项中有两个田字型按钮，用于控制曲线调节区域的网格数量。

STEP 2 调节曲线
❶将鼠标指针移动到曲线中间，单击可增加一个调节

点；按住鼠标左键不放向上方拖曳添加的调节点，这时图像会即时显示亮度增加后的效果；❷单击"确定"按钮。

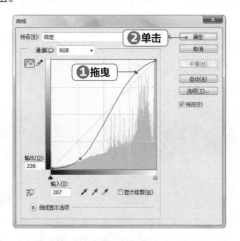

STEP 3 查看效果

完成后可查看调整图像曲线前后的对比效果。

6.1.4 | 使用"色彩平衡"命令

使用"色彩平衡"命令可以在图像原色的基础上根据需要来添加其他颜色，或通过增加某种颜色的补色以减少该颜色的数量，从而改变图像的原色彩，多用于调整明显偏色的图像。

STEP 1 打开"色彩平衡"对话框

打开任意一幅图像后，选择【图像】/【调整】/【色彩平衡】命令，或按【Ctrl+B】组合键打开"色彩平衡"对话框。

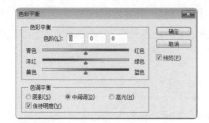

STEP 2 调节参数

在"色调平衡"栏中单击选中"高光"单选项，将"色彩平衡"栏的"黄色"滑块向左移动，减少蓝色；将"青色"栏的滑块向右移动，减少青色。

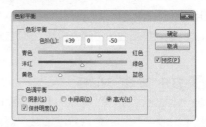

STEP 3 查看效果

单击"确定"按钮，即可查看调整色彩平衡前后的对比效果。

技巧秒杀

"色彩平衡"对话框相关选项的含义

拖曳"色彩平衡"栏中的3个滑块或在色阶后的数值框中输入相应的值，可使图像增加或减少相应的颜色。"色调平衡"栏用于选择用户需要着重进行调整的色彩范围，包括"阴影""中间调""高光"3个单选项，单击选中某个单选项，就会对相应色调的像素进行调整。单击选中"保持明度"复选框，可保持图像的色调不变，防止亮度值随颜色的更改而改变。

6.1.5 使用"亮度 / 对比度"命令

使用"亮度 / 对比度"命令可以调整图像的亮度和对比度。方法是选择【图像】/【调整】/【亮度 / 对比度】命令，打开"亮度 / 对比度"对话框进行调整。

对话框中相关选项的含义如下。

- "亮度"数值框：拖曳亮度下方的滑块或在右侧的数值框中输入数值，可以调整图像的明亮度。
- "对比度"数值框：拖曳对比度下方的滑块或在右侧的数值框中输入数值，可以调整图像的对比度。

- "使用旧版"复选框：单击选中该复选框，可得到与 Photoshop CS6 以前版本相同的调整结果。

技巧秒杀

选择调整图像的方法

"亮度/对比度"命令没有"色阶"和"曲线"命令的可控性强，在调整时有可能丢失图像细节。对于输出要求比较高的图像，建议使用"色阶"或"曲线"进行调整。

6.1.6 使用"色相 / 饱和度"命令

使用"色相 / 饱和度"命令可以对图像的色相、饱和度、亮度进行调整，从而达到改变图像色彩的目的。选择【图像】/【调整】/【色相 / 饱和度】命令或按【Ctrl+U】组合键，打开"色相 / 饱和度"对话框。

对话框中相关选项的含义如下。

- "全图"下拉列表框：在其下拉列表中可以选择调整范围，系统默认选择"全图"选项，即对图像中的所有颜色有效；也可以选择对单个的颜色进行调整，有红色、黄色、绿色、青色、蓝色、洋红选项。
- "色相"数值框：通过拖曳滑块或输入数值，可以调整图像中的色相。
- "饱和度"数值框：通过拖曳滑块或输入数值，可以调整图像中的饱和度。
- "明度"数值框：通过拖曳滑块或输入数值，可以调整图像中的明度。
- "着色"复选框：单击选中该复选框，可使用同种

颜色来置换原图像中的颜色。

下图所示为使用"色相 / 饱和度"命令调整图像的前后效果。

6.1.7 使用"通道混合器"命令

使用"通道混合器"命令可以对图像不同通道中的颜色进行混合，从而达到改变图像色彩的目的。方法是选择【图像】/【调整】/【通道混合器】命令，打开"通道混合器"对话框。

对话框中相关选项的含义如下。

🔷 "输出通道"下拉列表框：单击其右侧的下拉按钮，在打开的下拉列表中选择要调整的颜色通道。不同颜色模式的图像，其中的颜色通道选项也各不相同。

🔷 "源通道"栏：拖曳下方的颜色通道滑块，可调整源通道在输出通道中所占的颜色百分比。

🔷 "常数"数值框：用于调整输出通道的灰度值，负

值将增加更多的黑色，正值将增加更多的白色。

🔷 "单色"复选框：单击选中该复选框，可以将图像转换为灰度模式。

下图所示为使用"通道混合器"命令对图像的通道进行颜色调整的效果。

6.1.8 使用"渐变映射"命令

使用"渐变映射"命令可以用渐变颜色对图像进行叠加，从而改变图像色彩。方法是选择【图像】/【调整】/【渐变映射】命令，打开"渐变映射"对话框。

对话框中相关选项的含义如下。

🔷 "灰度映射所用的渐变"栏：在其中可以选择要使用的渐变颜色，也可以单击中间的渐变条打开"渐变编辑器"对话框，在其中编辑所需的渐变颜色。

🔷 "仿色"复选框：单击选中该复选框，将实现抖动渐变。

🔷 "反向"复选框：单击选中该复选框，将实现反转

渐变。

下图所示为使用"渐变映射"命令对图像的通道进行颜色调整的效果。

6.1.9 使用"变化"命令

使用"变化"命令可以直观地为图像增加或减少某些色彩，还可以方便地控制图像的明暗关系。

选择【图像】/【调整】/【变化】命令,打开"变化"对话框。

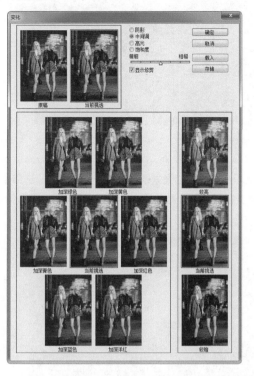

对话框中相关选项的含义如下。

🔷 "阴影"单选项:单击选中该单选项,将对图像中的阴影区域进行调整。

🔷 "中间调"单选项:单击选中该单选项,将对图像中的中间色调区域进行调整。

🔷 "高光"单选项:单击选中该单选项,将对图像中的高光区域进行调整。

🔷 "饱和度"单选项:单击选中该单选项,将对图像的饱和度进行调整。

技巧秒杀

使用"变化"命令调整图像

使用"变化"命令调整图像的实质是通过改变图像的色彩平衡、对比度、饱和度、亮度来达到改变图像色彩的目的。另外,在"变化"对话框中,除了"原稿"和3个"当前挑选"缩略图单击无效外,单击其他缩略图可根据缩略图名称来即时调整图像的颜色或明暗度,单击次数越多,变化越明显。

6.1.10 使用"去色"命令

使用"去色"命令可以去除图像中的所有颜色信息,从而使图像呈黑白色显示。选择【图像】/【调整】/【去色】命令或按【Ctrl+Shift+U】组合键即可为图像去掉颜色。下图为使用"去色"命令制作黑白照片的效果。

6.1.11 使用"反相"命令

使用"反相"命令可以反转图像中的颜色信息,常用于制作胶片效果。选择【图像】/【调整】/【反相】命令,图像中每个通道的像素亮度值将转换为256级颜色值上相反的值。使用该命令可以创建边缘蒙版,以便向图像的选定区域应用锐化和其他操作。当再次使用该命令时,即可还原图像颜色。

6.1.12 使用"色调分离"命令

使用"色调分离"命令可以指定图像的色调级数，并按此级数将图像的像素映射为最接近的颜色。选择【图像】/【调整】/【色调分离】命令，打开"色调分离"对话框，在"色阶"数值框中输入不同的数值即可。下图为色阶值分别为"8"和"15"时的效果。

6.1.13 使用"阈值"命令

使用"阈值"命令可以将一张彩色或灰度的图像调整成高对比度的黑白图像，常用于确定图像的最亮和最暗区域。

选择【图像】/【调整】/【阈值】命令，打开"阈值"对话框。该对话框显示了当前图像亮度值的坐标图，拖曳滑块或者在"阈值色阶"数值框中输入数值来设置阈值，其取值范围为1~255。完成后单击"确定"按钮，效果如下。

 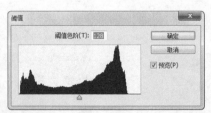 

6.1.14 使用"色调均化"命令

使用"色调均化"命令能重新分布图像中的亮度值，以便更均匀地呈现所有范围的亮度值。选择【图像】/【调整】/【色调均化】命令，图像中的最亮值呈现为白色，最暗值呈现为黑色，中间值则均匀地分布在整个图像灰度色调中。

6.1.15 | 实战案例——调整照片色彩效果

　　若想拍摄出漂亮的照片，不仅需要高像素的照相机，对天气和季节等自然因素要求也很高，而且掌握拍摄的时机和角度也很重要。如果拍摄的照片效果不理想，则可通过 Photoshop CS6 对拍摄的照片进行后期调色加工处理，使其达到理想效果。本案例提供了一张曝光不足的长城照片，要求将其调整为明媚大气，具有艺术气息的照片效果。

微课：调整照片色彩效果

| 素材：光盘 \ 素材 \ 第 6 章 \ 照片 .jpg |
| 效果：光盘 \ 效果 \ 第 6 章 \ 照片 .jpg |

STEP 1 调整色阶

打开"照片 .jpg"照片，观察发现照片整体偏暗，且对比度不够，因此选择【图像】/【调整】/【色阶】命令，打开"色阶"对话框，在其中按照下图进行设置。

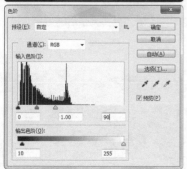

STEP 3 调整"蓝"通道

❶选择【图像】/【调整】/【曲线】命令，打开"曲线"对话框，在"通道"下拉列表中选择"蓝"选项；❷对曲线进行调整。

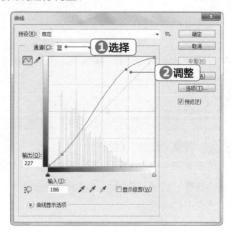

STEP 2 查看效果

单击"确定"按钮，查看调整后的效果。

PART 06

STEP 4 调整 "RGB" 通道

❶在"通道"下拉列表中选择"RGB"选项；❷调整曲线。

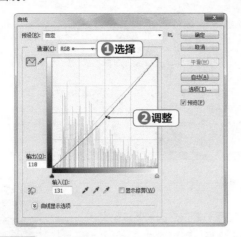

STEP 5 查看效果

单击"确定"按钮，查看调整后的效果。

STEP 6 调整饱和度

选择【图像】/【调整】/【色相/饱和度】命令，打开"色相/饱和度"对话框，在其中拖曳"饱和度"滑块调整图像饱和度。

STEP 7 调整 "红色" 色相

❶观察发现图像中的阶梯仍然有点偏红色，因此在下拉列表中选择"红色"选项；❷拖曳"色相"和"饱和度"滑块进行调整。

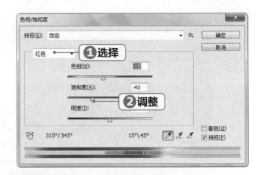

STEP 8 调整色相/饱和度效果

单击"确定"按钮，查看调整后的效果。

STEP 9 设置照片滤色

❶选择【图像】/【调整】/【照片滤镜】命令，打开"照片滤镜"对话框，单击选中"滤镜"单选项；❷在其下拉列表中选择"加温滤镜（85）"选项；❸将"浓度"设置为"73%"，设置暖调效果。

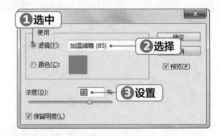

STEP 10 照片滤镜效果

单击"确定"按钮，查看调整后的效果。

STEP 11 设置阴影 / 高光

选择【图像】/【调整】/【阴影 / 高光】命令，打开"阴影 / 高光"对话框，调整阴影数量和高光数量。

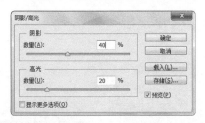

STEP 12 阴影 / 高光效果

单击"确定"按钮，应用设置，完成后保存照片。

6.2 调整图像局部色彩

介绍了如何使用调整命令调整图像全局色彩后，本节将介绍如何使用调整命令快速调整图像中的局部色彩。调整图像局部色彩命令主要包括"匹配颜色"命令、"替换颜色"命令、"可选颜色"命令、"照片滤镜"命令和"阴影 / 高光"命令。

6.2.1 使用"匹配颜色"命令

使用"匹配颜色"命令可以匹配不同图像之间、多个图层之间或者多个颜色选区之间的颜色，还可以通过更改图像的亮度、色彩范围、中和色调来调整图像的颜色。

选择【图像】/【调整】/【匹配颜色】命令，打开"匹配颜色"对话框。

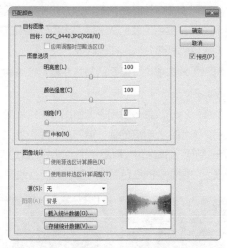

"匹配颜色"对话框中相关选项的含义如下。

- "目标"栏：用来显示当前图像文件的名称。
- "图像选项"栏：用于调整匹配颜色时的亮度、颜色强度、渐隐效果。单击选中"中和"复选框，对两幅图像的中间色进行色调的中和。

- "图像统计"栏：用于选择匹配颜色时图像的来源或所在的图层。

在图像之间进行颜色匹配的具体操作如下。

STEP 1 打开素材

打开任意一幅图像，如下图所示。

STEP 2 设置"匹配颜色"参数

❶选择【图像】/【调整】/【匹配颜色】命令，打开"匹

配颜色"对话框，在"源"下拉列表中选择打开的另一个图像文件；❷在"图像选项"栏中调整图像的明亮度、颜色强度、渐隐程度；❸单击选中"中和"复选框。

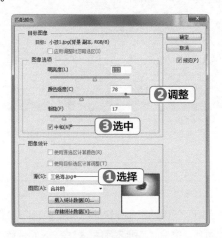

STEP 3　查看效果

单击"确定"按钮，即可查看图像进行匹配颜色后的效果。

6.2.2 ｜ 使用"替换颜色"命令

使用"替换颜色"命令可以改变图像中某些区域颜色的色相、饱和度、明暗度，从而达到改变图像色彩的目的。选择【图像】/【调整】/【替换颜色】命令，打开"替换颜色"对话框。

其中相关选项的含义如下。

🔖 "本地化颜色簇"复选框：若需要在图像中选择相似且连续的颜色，单击选中该复选框，可使选择范围更加精确。

🔖 吸管工具 、 、 ：使用这 3 个吸管工具在图

像中单击，可分别进行拾取、增加、减少颜色的操作。

🔖 颜色容差：用于控制颜色选择的精度，值越高，选择的颜色范围越广。在该对话框的预览区域中，白色代表了已选的颜色。

🔖 "选区"单选项：以白色蒙版的方式在预览区域中显示图像，白色代表已选区域，黑色代表未选的区域，灰色代表部分被选择的区域。

🔖 "图像"单选项：以原图的方式在预览区域中显示图像。

🔖 "替换"栏：该栏分别用于调整图像所拾取颜色的色相、饱和度、明度的值，调整后的颜色变化将显示在"结果"缩略图中，原图像也会发生相应的变化。下图为将图像中的红色替换为蓝色的前后效果。

6.2.3 ｜ 使用"可选颜色"命令

使用"可选颜色"命令可以对 RGB、CMYK、灰度等模式图像中的某种颜色进行调整，而不影响其他颜色。

选择【图像】/【调整】/【可选颜色】命令，打开"可选颜色"对话框。

"可选颜色"对话框中相关选项的含义如下。

🎁 "颜色"下拉列表框：设置要调整的颜色，再拖曳下面的各个颜色色块，即可调整所选颜色中青色、洋红、黄色、黑色的含量。

🎁 "方法"栏：选择增减颜色模式，单击选中"相对"单选项，按 CMYK 总量的百分比来调整颜色；单击选中"绝对"单选项，按 CMYK 总量的绝对值来调整颜色。

下图为对照片中的深蓝色进行调整，使其变为紫色的效果。

6.2.4 使用"照片滤镜"命令

使用"照片滤镜"命令可以模拟传统光学滤镜特效，使图像呈暖色调、冷色调或其他颜色色调显示。

选择【图像】/【调整】/【照片滤镜】命令，打开"照片滤镜"对话框。

"照片滤镜"对话框中相关选项的含义如下。

🎁 "滤镜"下拉列表框：在其下拉列表中可以选择滤镜的类型。

🎁 "颜色"单选项：单击右侧的色块，可以在打开的对话框中自定义滤镜的颜色。

🎁 "浓度"数值框：通过拖曳滑块或输入数值来调整所添加颜色的浓度。

🎁 "保留明度"复选框：单击选中该复选框后，添加颜色滤镜时仍然保持原图像的明度。

下图为对图像使用照片滤镜调整后的效果。

6.2.5 使用"阴影 / 高光"命令

使用"阴影 / 高光"命令可以修复图像中过亮或过暗的区域，从而使图像尽量显示更多的细节。其具体操作步骤如下。

微课：使用"阴影 / 高光"命令

| 素材：光盘 \ 素材 \ 第 6 章 \ 艺术照 4.jp |
| 效果：光盘 \ 效果 \ 第 6 章 \ 艺术照 4.jp |

STEP 1　设置阴影与高光参数

❶打开"艺术照 4.jpg"图像，选择【图像】/【调整】/【阴影/高光】命令；❷打开"阴影/高光"对话框，在"阴影"栏中设置"数量""色调宽度"和"半径"分别为"85%"、"69%"和"200"像素；❸在"高光"栏中设置"色彩宽度"为"75%"；❹在"调整"栏中设置"颜色矫正"和"中间调对比"分别为"-30"和"+50"；❺单击"确定"按钮。

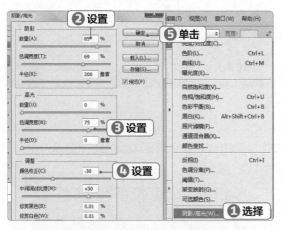

操作解谜

"阴影"栏和"高光"栏的作用

"阴影"栏用来增加或降低图像中的暗部色调；"高光"栏用来增加或降低图像中的高光部分色调。

STEP 2　查看完成后的效果

返回图像编辑区，即可发现"艺术照 4"图像的亮度提高了。

6.2.6 | 实战案例——制作甜美婚纱照

对于外景婚纱照，用户可根据个人爱好调整照片色调。下面对光盘中提供的婚纱照进行调色处理，要求采用暖色调，使照片整体给人甜美的感觉。

| 素材：光盘 \ 素材 \ 第 6 章 \ 婚纱 1.jpg、婚纱 2.jpg、文字 .psd |
| 效果：光盘 \ 效果 \ 第 6 章 \ 甜美婚纱照 .psd |

STEP 1　设置"色彩平衡"对话框

❶打开"婚纱 1.jpg"素材文件，按【Ctrl+J】组合键复制背景图层。选择【图像】/【调整】/【色彩平衡】命令，打开"色彩平衡"对话框，单击选中"中间调"单选项；❷调整对应色调。

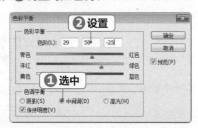

微课：制作甜美婚纱照

STEP 2　调整色彩平衡后的效果

单击"确定"按钮，查看调整后的效果。

STEP 3　调整"红"通道

❶选择【图像】/【调整】/【曲线】命令，打开"曲

线"对话框，在"通道"下拉列表中选择"红"选项；❷调整曲线。

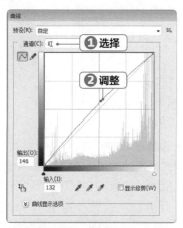

单击"确定"按钮，查看调整后的效果。

STEP 5 调整"可选颜色"参数
选择【图像】/【调整】/【可选颜色】命令，打开"可选颜色"对话框，在"颜色"下拉列表中选择"黄色"和"中性色"选项，调整参数。

STEP 6 使用渐变映射调整
确认设置后，新建一个"渐变映射"调整图层，在属性面板中设置渐变色分别为"黑色（#010101）"和"淡黄色（#fafade）"，并将该图层的不透明度设

置为"30%"。

STEP 7 使用可选颜色调整图层
新建"可选颜色"调整图层，在属性面板中对"红色"和"黄色"进行调整。

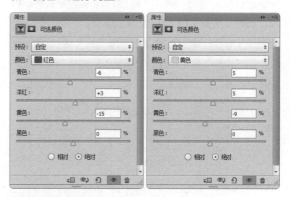

STEP 8 填充图层
按【Ctrl+Alt+2】组合键创建高光选区，新建图层，将其颜色填充为"淡黄色（#fafade）"，然后取消选区。

STEP 9 调整色彩平衡
设置该图层的"混合模式"为"柔光"，"不透明度"为"50%"，然后新建"色彩平衡"调整图层，在属性面板中对中间调进行调整。

第 6 章 调整图像色彩

121

STEP 10 设置"应用图像"对话框

❶按【Ctrl+Shift+Alt+E】组合键盖印图层，然后选择【图像】/【模式】/【Lab 颜色】命令，在打开的提示对话框中单击"确定"按钮，转换图像的色彩模式，选择【图像】/【应用图像】命令，在打开的"应用图像"对话框中设置"通道"为"a"；❷设置"混合"为"柔光"；❸设置"不透明度"为"60%"；❹单击"确定"按钮。

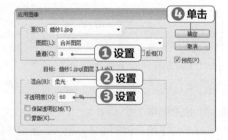

STEP 11 调整不同通道曲线

完成后新建一个"曲线"调整图层，在属性面板中对通道进行调整。

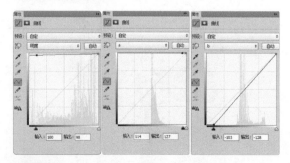

STEP 12 涂抹人物衣

❶调整完成后，将该调整图层的"不透明度"设置为"50%"；❷使用黑色的柔角画笔在人物的衣服上进行涂抹。

STEP 13 设置高斯模糊

❶盖印图层，选择【滤镜】/【模糊】/【高斯模糊】命令，在打开的对话框中设置"半径"为"5 像素"；❷单击"确定"按钮。

技巧秒杀

"预览"的使用

在"照片滤镜"和"曝光度"对话框中单击选中"预览"复选框可以预览设置的图像效果，如果撤销选中，则在确认设置后才能在图像显示区域中显示设置的效果。

STEP 14 设置模糊后的效果

设置模糊后的图层"混合模式"为"柔光"，"不透明度"为"30%"。

STEP 15 设置色彩平衡和曲线

❶选择【图像】/【模式】/【RGB 颜色】命令，在打开的提示对话框中单击"拼合"按钮，新建"色彩平衡"调整图层，在属性面板中对中间调进行调整；❷创建"曲线"调整图层，在属性面板中分别对"红"和"蓝"通道进行调整。

STEP 16 设置"不透明度"的效果

完成后将图层"不透明度"设置为"80%"。

STEP 17 设置可选颜色

新建"可选颜色"调整图层，在属性面板中分别对红色和黄色进行调整。

STEP 18 调整"蓝"通道

选择工具箱中的减淡工具，在其工具属性栏中设置"曝光度"为"10%"，在人物的脸部进行涂抹，以增加亮度。新建"通道混合器"调整图层，在属性面板中对"蓝"通道进行调整。

STEP 19 通道混合后的效果

完成后将"不透明度"设置为"30%"。

STEP 20 变换图像

按【Ctrl+N】组合键打开"新建"对话框，在其中设置宽度和高度的像素为"1200×900"，分辨率为"300"像素/英寸，完成后使用"淡黄色（#fafade）"进行填充。在调整后的图像中按住【Shift】键选择所有图层，将其拖到新建的图像文件中，并按【Ctrl+T】组合键调整其大小。

STEP 21 添加素材和文字

打开"婚纱 2.jpg"素材文件，按照相同的方法调整
图像的色彩，然后合并图层，并将其拖至要编辑的图
像窗口中，缩放图像。打开"文字 1.psd"素材文件，
将其拖到图像窗口中，并按【Ctrl+T】组合键缩放图像，
然后调整图像的位置，完成制作。

边学边做

1. 制作音乐海报

打开"音乐海报 .jpg"图像，对图片颜色进行处理。

提示如下。

🔹 使用"通道混合器"调整图像，设置输出通道为"青色"，再设置青色、黄色、黑色为"130、
   -2、-25"。

🔹 设置"输出通道"为"黄色"，再设置青色、洋红、黄色、黑色为"-50、-5、100、-35"。

🔹 打开"色彩平衡"对话框，设置"色阶"为"30、20、45"。

🔹 打开"亮度 / 对比度"对话框，设置"亮度"为"-15"。

🔹 在"图层"面板中设置图层的混合模式为"柔光"，并添加文字。

2. 制作冷色调图像

打开以黄色为主色调的"冬日 .jpg"图像，通过"色调平衡"命令将图像中的冷色调增强，再使用"自
然饱和度"命令，增强图像的饱和度，使图像呈现冬日太阳的清冷感。

提示如下。

🔹 打开"冬日 .jpg"图像，按【Ctrl+J】组合键复制图层。打开"色彩平衡"对话框，单击选中"高光"
   单选项，设置"色阶"为"-34、+8、+45"。

🔹 单击选中"阴影"单选项，设置"色阶"为"-20、0、+40"。

🔹 打开"自然饱和度"对话框，在其中设置"自然饱和度"为"-10"。

🔹 打开"镜头光晕"对话框，选中"电影镜头"单选项，设置"亮度"为"130"，并使用鼠标在图

像缩略图中调整光晕的位置。

◈ 打开"文字.psd"图像，将其中的文字拖至图像左侧。

3. 制作婚纱照

下面将通过"色彩平衡"命令调整"婚纱照.jpg"图像的颜色。

提示如下。

◈ 选择【图像】/【调整】/【色彩平衡】命令，打开"色彩平衡"对话框，单击选中"阴影"单选项，在"色阶"数值框中依次输入"-14""+23"和"-29"。

◈ 单击选中"中间调"单选项，在"色阶"数值框中依次输入"17""-29"和"30"。

◈ 选择【图像】/【画布大小】命令，打开"画布大小"对话框，在"新建大小"栏中的下拉列表框中选择"像素"选项，在"高度"数值框中输入"1700"，在"定位"栏下的九宫格中单击第一排中间的格子。

◈ 框选整个人物图像，并按【Ctrl+J】组合键将框选的人物图像放置到新建的图层中，调整图像的大小和位置。

◈ 打开"背景.jpg"图像，将其移动到"婚纱照.jpg"图像中，然后在"图层"面板中的下拉列表框中选择"正片叠底"选项，然后调整其大小和位置。

◈ 打开"色彩平衡"对话框，单击选中"中间调"单选项，在"色阶"数值框中依次输入"-27""-57"和"-25"，合并图层。

◈ 打开"曝光度"对话框，在"曝光度"和"灰度系数矫正"数值框中分别输入"-0.12"和"1.02"。

◈ 打开"文字.png"图像，将其拖至图像窗口中，并放置到图像中间的空白部分。

高手竞技场

1. 制作夏日清新照

　　打开提供的素材文件"夏日 .jpg"，对图像进行调整，要求如下。

　　◆　使用"色相 / 饱和度"命令，提升图像的色彩饱和度。

　　◆　使用"渐变映射"命令绘制光线照射效果。

　　◆　使用图层混合模式、选区的绘制以及文字的输入等操作完成夏日清晰照的编辑。

2. 制作打雷效果

　　打开"背景 .jpg"图像，对图像进行编辑，要求如下。

　　◆　使用"阴影 / 高光""HDR 色调""曲线"等命令调整城市夜景效果。

　　◆　打开"雷击 .jpg"图像，将图像移动到"背景"图像中，制作城市夜晚的打雷效果。

07 Chapter

第 7 章

文字工具和 3D 应用

/ 本章导读

在图像处理过程中，合理地应用文字不仅可以起到说明的作用，还可以适当修饰图片。此外，在设计时，可使用 Photoshop 的 3D 功能创建立体效果，使图像更加丰满、更具冲击力。本章将详细讲解 Photoshop CS6 中的文字工具和 3D 功能。读者通过本章的学习，能够在图像中熟练创建不同类型的文本，并能熟练掌握文本的编辑与格式化操作，以及创建、编辑和渲染 3D 效果的方法。

7.1 创建文本

在 Photoshop CS6 中，可使用文字工具直接在图像中添加点文本，如果需要输入的文本较多，可以选择创建段落文本。此外，为了满足特殊编辑的需要，还可以创建选区文本或路径文本。本节将对这些文本的创建方法进行详细介绍。

7.1.1 创建点文本

选择横排文字工具 T 或直排文字工具 IT，在图像中需要输入文本的位置单击鼠标定位文本插入点，此时将新建文字图层，直接输入文本然后在工具属性栏中单击 ✓ 按钮完成点文本的创建。

在输入文本前，为了得到更好的点文本效果，可在文字工具属性栏设置文本的字体、字形、字号、颜色、对齐方式等参数。不同文字工具的属性栏基本相同，下面以横排文本工具属性栏为例进行介绍。

"字形"下拉列表　　"字号"下拉列表

"字体"下拉列表　　T · IT 方正稚艺简体 ▾ - ▾ tT 60点 ▾ aa 锐利 ▾ ⊟ ≡ ≡ ■　　"锯齿效果"下拉列表

横排文本工具属性栏中相关选项的含义如下。

- "切换文本取向"按钮 ⚏：单击该按钮，可将文本方向转换为水平方向或垂直方向。
- "字体"下拉列表框：用于设置文本的字体。
- "字形"下拉列表框：用于设置文本的字形，包括常规、斜体、粗体、粗斜体等选项。需要注意的是，部分字形不能对某部分字体进行设置。
- "字号"下拉列表框：用于输入或选择文本的大小。
- "锯齿效果"下拉列表框：用于设置文本的锯齿效果，包括无、锐利、平滑、明晰、强等选项。
- 对齐按钮组 ≡ ≡ ≡：分别单击对应的按钮可设置段落文本的对齐方式。
- ■ 颜色块：单击该颜色块，在打开的对话框中可设置文本的颜色。

- "变形文字"按钮 ⚐：单击该按钮，在打开的对话框中可为文本设置上弧或波浪等变形效果。该知识将在后面创建变形文字时进行详细讲解。
- "切换字符和段落面板"按钮 ▤：单击该按钮，可显示或隐藏"字符"面板或"段落"面板。

> **技巧秒杀**
>
> **取消文本的输入**
>
> 若要放弃文字输入，可在工具属性栏中单击 ◯ 按钮，或按【Esc】键，此时自动创建的文字将会被删除。另外，单击其他工具按钮，或按【Ctrl+Enter】组合键也可以结束文本的输入操作；若要换行，可按【Enter】键。

7.1.2 创建段落文本

段落文本是指在文本框中创建的文本，具有统一的字体、字号、字间距等文本格式，并且可以整体修改与移动，常用于杂志的排版。段落文本同样需要通过横排文字工具 T 或直排文字工具 IT 进行创建，其具体操作如下。

STEP 1 绘制文本框

❶打开图像，在工具箱中选择横排文字工具 T，在属性栏设置文本的字体和颜色等参数；❷按住鼠标左键拖曳以创建文本框。

STEP 2 创建段落文本

输入段落文本。若绘制的文本框不能完全显示文字，移动鼠标指针至文本框四周的控制点，当其变为 ⊞ 形状时，可通过拖曳控制点来调整文本框大小，使文字完全显示出来。

7.1.3 创建文字选区

Photoshop CS6 提供了横排文字蒙版工具 ❑ 和直排文字蒙版工具 ❑，可以帮助用户快速创建文字选区，常用于广告设计，其创建方法与创建点文本的方法相似。选择横排文字蒙版工具 ❑ 或直排文字蒙版工具 ❑ 后，在图像中需要输入文本的位置单击鼠标定位文本插入点，直接输入文本，然后在工具属性栏中单击 ✔ 按钮完成文字选区的创建。文字选区与普通选区一样，可以进行移动、复制、填充、描边等操作。

7.1.4 创建路径文字

在图像处理过程中，创建路径文字可以使文本沿着斜线、曲线、形状边缘等路径排列，或在封闭的路径中输入文本，以产生意想不到的效果。输入沿路径排列的文字时，需要先创建文本排列的路径，再使用文本工具在路径上输入文本。其具体操作如下。

STEP 1 绘制并查看路径

❶打开图像，选择钢笔工具 ❑，在图像窗口中单击鼠标确定路径起点；❷在终点按住鼠标不放进行拖曳，绘制曲线路径，在"路径"面板中可查看新建的路径。

STEP 2 定位文本插入点

❶选择横排文字工具 ❑，在属性栏设置文本的字体和颜色等参数；❷将光标移动到路径上，当光标呈 ❑ 形

状时，单击即可将文本插入点定位到路径上。

STEP 3 　调整文本位置

❶输入文本，选择路径选择工具 ，拖曳路径文本起始处的标记，调整文本在路径上的位置；❷在"路径"面板中取消选择该路径层，将隐藏路径线段。

7.1.5 　使用字符样式和段落样式

　　Photoshop CS6 新增的"字符样式"和"段落样式"面板可以保存文字样式，并可快速应用于其他文字、线条或文本段落，节省操作时间。

1. 字符样式

　　字符样式是文本的字体、大小、颜色等属性的集合。下面在 Photoshop CS6 中新建字符样式，保存后，将其应用到其他文本中，其具体操作如下。

STEP 1 　新建字符样式

打开图像文件后，选择【窗口】/【字符样式】命令，在打开的"字符样式"面板中单击 按钮，新建空白的字符样式。

STEP 2 　设置文字属性

在"字符样式"面板中双击新建的字符样式，打开"字符样式选项"对话框，在其中设置字体、字号、颜色等属性，然后单击"确定"按钮。

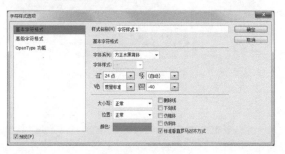

STEP 3 　应用字符样式

选择文字图层，然后选择"字符样式"面板中新建的样式，单击"确认"按钮 ，可将字符样式应用到文字中。

2. 段落样式

　　段落样式的创建和使用方法与字符样式基本相同。选择【窗口】/【段落样式】命令，在打开的"段落样式"面板中单击 按钮，新建空白的段落样式，双击样式选项，在打开的"段落样式选项"对话框中设置段落属性并保存，然后选择文字图层，将段落样式应用到文本中。

PART 07

7.1.6 | 实战案例——制作玻璃文字

微课：制作玻璃文字

本案例将综合应用文字工具和设置图层样式等知识，制作具有玻璃效果的文字，其具体操作步骤如下。

素材：光盘 \ 素材 \ 第 7 章 \ 蜗牛 .jpg

效果：光盘 \ 效果 \ 第 7 章 \ 蜗牛 .psd

STEP 1　设置并输入文本

❶打开"蜗牛 .jpg"素材文件，选择横排文字工具 T，在工具属性栏设置文本的字体为"华文琥珀"，字号为"90 点"，字体锯齿效果为"浑厚"，字体颜色为"#6dfa48"；❷输入文本。

STEP 2　设置投影效果

❶选择【图层】/【图层样式】/【投影】命令，打开"图层样式"对话框，进入"投影"设置面板；❷设置混合模式为"正片叠底"，单击其后的色块，设置颜色为"#509b4c"，设置"不透明度、角度、距离、扩展、大小"分别为"75%、30 度、5 像素、0%、5 像素"；❸单击选中"使用全局光"复选框。

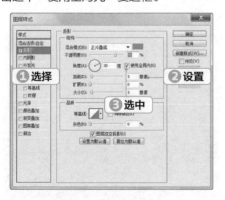

STEP 3　设置内阴影效果

❶在"样式"栏中选择"内阴影"选项，进入"内阴影"设置面板；❷设置"混合模式"为"正片叠底"，单击其后的色块，设置颜色为"#61b065"，设置"不透明度、角度、距离、阻塞、大小"分别为"75%、30 度、5 像素、0%、16 像素"；❸单击选中"使用全局光"复选框。

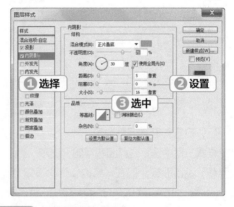

STEP 4　设置外发光效果

❶在"样式"栏中选择"外发光"选项，进入"外发光"设置面板；❷设置混合模式为"滤色"，设置"不透明度、杂色"分别为"50%、0%"，单击选中"纯色"单选项，单击其后的色块，设置颜色为"#caeecc"，设置"方法、扩展、大小、范围、抖动"分别为"柔和、15%、10 像素、50%、0%"。

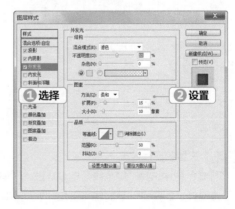

第 **7** 章　文字工具和 3D 应用

131

STEP 5 设置内发光效果

❶在"样式"栏中选择"内发光"选项，进入"内发光"设置面板；❷设置混合模式为"正片叠底"，设置"不透明度、杂色"为分别"50%、0%"，单击选中"纯色"单选项，单击其后的色块，设置颜色为"#6ba668"，设置"方法、阻塞、大小、范围、抖动"分别为"柔和、10%、13 像素、50%、0%"；❸单击选中"边缘"单选项。

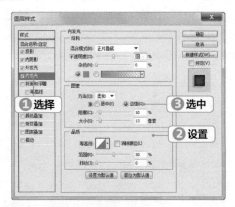

STEP 6 设置斜面和浮雕效果

❶在"样式"栏中选择"斜面和浮雕"选项，进入"斜面和浮雕"设置面板；❷在"结构"栏中设置"样式、方法、深度、大小、软化"分别为"内斜面、平滑、100%、16 像素、0 像素"，单击选中"上"单选项；❸在"阴影"栏中设置"角度、高度、高光模式、不透明度、阴影模式"分别为"30 度、30 度、滤色、75%、正片叠底"。

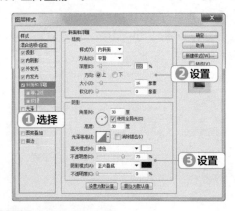

STEP 7 设置等高线效果

❶在"样式"栏中选择"等高线"选项，进入"等高线"设置面板；❷单击"等高线"下拉列表框右侧的下拉按钮，在打开的下拉列表中选择"半圆"选项，设置范围为"50%"。

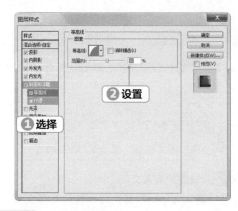

STEP 8 设置光泽效果

❶在"样式"栏中选择"光泽"选项，进入"光泽"设置面板；❷设置混合模式为"正片叠底"，单击其后的色块，设置颜色为"#63955f"，设置"不透明度、角度、距离、大小"分别为"50%、75 度、43 像素、50 像素"；❸单击"等高线"下拉列表框右侧的下拉按钮，在打开的下拉列表中选择"高斯"选项，单击选中"反向"复选框。

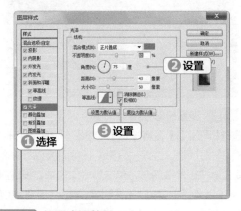

STEP 9 设置光泽效果

设置完成后单击"确定"按钮，关闭"图层样式"对话框，查看文字效果。

PART 07

STEP 10 设置图层混合模式并查看效果

在"图层"面板中选择文字图层，可查看添加的图层样式，在"混合模式"下拉列表中选择"正片叠底"选项，将背景图片与文本融合，使水珠显示在文字上面，完成玻璃文字的制作。

技巧秒杀

隐藏图层样式

在"图层"面板中单击文本图层某个效果样式前的 ● 按钮，可隐藏该效果。

7.2 编辑文本

在输入文本后，若不能满足要求，就需要选择文本，并对其进行转换或美化等编辑操作。点文本与段落文本的编辑主要通过"字符"或"段落"面板进行。

7.2.1 点文本与段落文本的转换

为了使排版更方便，可对创建的点文本与段落文本进行相互转换。若要将点文本转换为段落文本，可选择需要转换的文字图层，在其上单击鼠标右键，在弹出的快捷菜单中选择"转换为段落文本"命令。若要将段落文本转换为点文本，则在弹出的快捷菜单中选择"转换为点文本"命令。

7.2.2 创建变形文本

在平面设计中经常可以看到一些变形文字。在 Photoshop 中可使用 3 种方法创建变形文字，包括文字变形、自由变换文本、将文本转换为路径。下面分别进行介绍。

1. 文字变形

在文字工具的属性栏中提供了文字变形工具，通过该工具可以对选择的文本进行变形处理，以得到更加艺术化的效果。使用文字变形工具变形文本的具体操作如下。

STEP 1 输入文本

❶打开素材文件，在工具箱中选择横排文字工具 T ，然后在图像中输入文本；❷拖曳鼠标选择输入的文本，在工具属性栏设置字体格式为"方正隶二简体，33 点"，颜色为"紫色"，然后单击"创建文本变形"按钮 。

STEP 2 设置变形

❶打开"变形文字"对话框，在"样式"下拉列表中选择变形选项，如选择"凸起"选项；❷完成后单击

"确定"按钮，查看变形效果。

2. 文字的自由变换

在对文本进行自由变换前，需要先对文字进行栅格化处理。栅格化文本的方法是：选择文本所在图层，在其上单击鼠标右键，在弹出的快捷菜单中选择"栅格化文字"命令。这样可将其转换为普通图层，然后选择【编辑】/【变换】命令，在打开的子菜单中选择相应的命令，拖曳出现的控制点即可进行透视、缩放、旋转、扭曲、变形等操作。

3. 将文本转化为路径

输入文本后，在文字图层上单击鼠标右键，在弹出的快捷菜单中选择"转换为形状"或"创建工作路径"命令，即可将文字转换为路径。将文字转换为路径之后，使用直接选择工具或钢笔工具编辑路径，即可将文字变形。使用直接选择工具或钢笔工具编辑路径的方法将在第 8 章进行详细讲解，这里不再赘述。

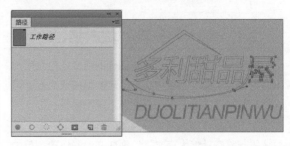

> **技巧秒杀**
>
> **通过快捷菜单变换文字**
>
> 选择文本图层，按【Ctrl+T】组合键进入变形状态，在变形区域单击鼠标右键，在弹出的快捷菜单中也可选择相关变形命令。

7.2.3 使用"字符"面板

通过文字工具的属性栏仅能对字体、字形、字号等部分文本格式进行设置，若要进行更详细的设置，可选择【窗口】/【字符】命令，在打开的"字符"面板中进行设置。

"字符"面板中主要按钮对应的作用介绍如下。

- 🔹 **T T TT Tr T¹ T₁ T T̲ 按钮组：**分别用于对文字进行加粗、倾斜、全部大写字母、将大写字母转换成小写字母、上标、下标、添加下画线、添加删除

线等操作。设置时，选择文本后单击相应的按钮即可。

- 🔹 **下拉列表：**此下拉列表用于设置行间距，单击文本框右侧的下拉按钮，在打开的下拉列表中可以选择行间距的大小。
- 🔹 **数值框：**设置选择文本的垂直缩放效果。
- 🔹 **数值框：**设置选择文本的水平缩放效果。
- 🔹 **下拉列表：**设置所选字符的字距，单击右侧的下拉按钮，在打开的下拉列表中选择字符间距，也可以直接在数值框中输入数值。
- 🔹 **下拉列表：**设置两个字符间的微调。
- 🔹 **数值框：**设置基线偏移，当设置参数为正值时，向上移动；当设置参数为负值时，向下移动。

7.2.4 使用"段落"面板

与设置字符格式一样,除了可在文字工具的属性栏设置对齐方式外,还可通过"段落"面板进行更详细的设置。选择【窗口】/【段落】命令,打开"段落"面板。

"段落"面板中主要按钮对应的作用介绍如下。

按钮组:分别用于设置段落左对齐、居中对齐、右对齐、最后一行左对齐、最后一行居中对齐、最后一行右对齐、全部对齐。设置时,选择文本后单击相应的按钮即可。

🔹 "左缩进"文本框:用于设置所选段落文本左

边向内缩进的距离。

🔹 "右缩进"文本框:用于设置所选段落文本右边向内缩进的距离。

🔹 "首行缩进"文本框:用于设置所选段落文本首行缩进的距离。

🔹 "段前添加空格"文本框:用于设置插入光标所在段落与前一段落间的距离。

🔹 "段后添加空格"文本框:用于设置插入光标所在段落与后一段落间的距离。

🔹 "连字"复选框:单击选中该复选框,表示可以将文本的最后一个外文单词拆开形成连字符号,使剩余的部分自动换到下一行。

7.2.5 实战案例——制作甜品屋 DM 单

本例将制作甜品屋 DM 单,通过工具属性栏快速设置文本格式,绘制装饰条来修饰输入的文本,然后将不同文本分别转化为形状和路径,并对其进行编辑,制作出完整的甜品屋 DM 单效果,其具体操作步骤如下。

微课:制作甜品屋 DM 单

素材:光盘\素材\第 7 章\树林 .psd、礼盒 .psd

效果:光盘\效果\第 7 章\甜品屋 DM 单 .psd

STEP 1 新建文件并填充背景

❶新建一个尺寸为"21 厘米 ×29 厘米",名称为"甜品屋 DM 单","分辨率"为"150 像素 / 英寸"的空白文件。在工具箱中选择渐变工具,在工具属性栏中设置渐变"样式"为线性,然后设置"前景色"为"#ecdbbb","背景色"为"白色";❷为图像从上到下应用线性渐变效果;❸打开"树林 .psd"素材图像,使用移动工具将其拖曳到当前编辑的图像中,适当调整图像大小,放到画面下方,将其组合成一个林荫大道的效果。

STEP 2 添加礼盒并绘制投影

❶打开"礼盒 .psd"素材图像,使用移动工具将其拖曳到当前编辑的图像中,适当调整图像大小,放到画面下方的草地上;❷设置"前景色"为"深灰色",在工具箱中选择画笔工具,在工具属性栏中设置画笔大小为"30";❸设置"不透明度"为"50%";❹在礼盒底部绘制投影效果。

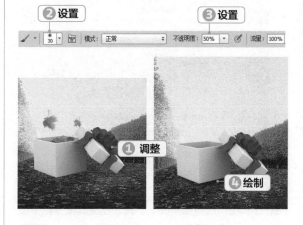

STEP 3　输入文本并设置文本格式

❶在工具箱中选择横排文字工具，在图像中间分别输入说明性文字；❷在工具属性栏中设置"字体"为"方正大黑简体、微软雅黑"，调整文字大小，分别填充颜色为"#8c181a"和黑色。

STEP 4　添加装饰条

❶新建一个图层，在工具箱中选择矩形选框工具，在文字上方绘制一个细长的矩形选区，填充为"土黄色"；❷选择橡皮擦工具，在工具属性栏中设置"不透明度"为"60%"，在细长矩形两侧进行涂抹，擦除图像；❸多次按【Ctrl+J】组合键，复制多个细长矩形图像，分别排列在文字中间，用来区别和装饰文本区域。

STEP 5　输入文本

❶在工具箱中选择横排文字工具，在工具属性栏中设置字体为"汉仪粗圆简"，颜色为"白色"，在图像

中输入文字"爱在金秋 享在多利"；❷按【Ctrl+T】组合键进入变换状态，在文字上单击鼠标，在弹出的快捷菜单中选择"斜切"命令，向右拖曳右上角的控制点，适当倾斜文字。

STEP 6　转换文本为形状并对文字造型

选择【文字】/【转换为形状】命令；在工具箱中选择钢笔工具，单击选择文本曲线，配合【Alt】键通过添加、删除锚点、拖曳锚点，对"爱在金秋"4个字进行造型设计。

STEP 7　描边文本

❶选择【图层】/【图层样式】/【描边】命令；❷打开"描边"设置面板，设置"描边大小"为"7"像素；❸设置"位置"为"外部"；❹设置颜色为"淡黄色（#fafade）"。

STEP 8　添加投影效果

❶单击选中"投影"复选框，设置"投影颜色"为"黑色"，"不透明度"为"75%"，再设置"角度""距离""扩展""大小"分别为"120"度、"14"像素、"17%"、"6"像素；❷单击"确定"按钮，得到添加图层样式后的效果。

STEP 9 添加渐变叠加效果

❶按【Ctrl+J】组合键复制文字图层，双击该图层，打开"图层样式"对话框，取消选中"描边"复选框，选择"渐变叠加"选项，设置渐变颜色为不同深浅的金黄色，再设置其他参数；❷单击"确定"按钮，完成渐变设置。

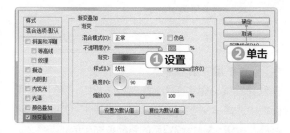

STEP 10 输入文本

❶添加"心形 .psd"素材图像；❷在工具箱中选择横排文字工具，在工具属性栏中设置字符格式为"LeviReBrushed、43 点"，文字颜色为"#e9dec5"；❸在心形素材上输入文字"Love"。

STEP 11 栅格化文本并设置滤镜效果

❶在"图层"面板中选择文字图层，在其上单击鼠标右键，在弹出的快捷菜单中选择"栅格化文字"命令，将文字图层转化为普通图层，选择【滤镜】/【风格化】/【扩散】命令；❷打开"扩散"对话框，单击选中"正常"单选项；❸单击"确定"按钮应用扩散效果。

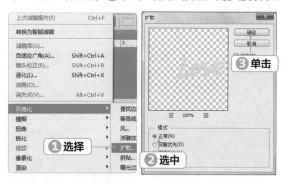

STEP 12 叠加滤镜效果

此时发现，文本边缘产生沙粒散开的效果，按【Ctrl+F】组合键继续执行该滤镜效果，继续按【Ctrl+F】组合键，使扩散效果得到加强，直到得到满意的文本扩散效果。

STEP 13 绘制形状并设置图层不透明度

❶在工具箱中选择钢笔工具，在工具属性栏中更改钢笔的绘图模式为"形状"，取消描边，设置填充颜色为"#603811"；❷在图像右上角绘制形状，装饰页面；❸选择该图层，在"图层"面板中设置图层的"不透明度"为"19%"。

STEP 14 输入文本

❶在工具箱中选择横排文字工具，在工具属性栏中设置字体为"方正兰亭黑简体"，文字颜色为"#8c7d2f"；❷在页面右上角输入"多利甜品屋 DUOLITIANPINWU"，调整文本的大小；❸选择输入的文本，在"字符"面板中单击"倾斜"按钮倾斜文本。

STEP 15 创建文字路径

❶在"图层"面板中选择"多利甜品屋"图层，在其上单击鼠标右键，在弹出的快捷菜单中选择"创建工作路径"命令，将文字图层中的文本轮廓创建为路径；❷创建工作路径后，文字图层将仍然保持原样，不会发生任何变化。

技巧秒杀

通过快捷菜单创建文字路径

选择文字工具，在文本上单击鼠标右键，在弹出的快捷菜单中也可选择"创建工作路径"命令。

STEP 16 调整路径形状

❶在"图层"面板中单击"多利甜品屋"图层中的 👁 图标，隐藏文字图层；❷在"路径"面板中选择创建的工作路径；❸在工具箱中选择钢笔工具，按住【Ctrl】键在"多利甜品屋"路径上单击鼠标左键，显示路径中的锚点，然后使用编辑路径的方法，更改路径的形状。

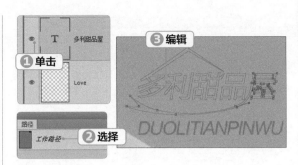

STEP 17 存储文字路径

❶为避免丢失路径，此处在"路径"面板中选择创建的工作路径图层，单击右上角的"设置"按钮；❷在打开的下拉列表中选择"存储路径"选项；❸打开"存储路径"对话框，输入存储路径的名称"文字路径"；❹单击"确定"按钮。

STEP 18 填充画笔路径

❶新建图层，设置前景色为"#8c7d2f"，返回"路径"面板中选择"文字路径"图层；❷单击"用画笔填充路径"按钮；❸为编辑后的路径填充颜色。

STEP 19 设置画笔

❶在填充路径图层下方新建图层，设置前景色为"#f8ecd1"；❷在工具箱中选择画笔工具，在工具属性栏中单击画笔大小下拉列表框右侧的下拉按钮；❸在打开的面板中设置画笔的笔尖样式为"柔边圆"；❹设置大小为"5像素"。

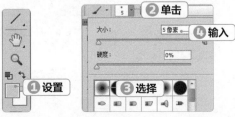

STEP 20 描边画笔路径

①返回"路径"面板,选择"文字路径"图层; ②单击"用画笔描边路径"按钮,对路径进行描边; ③返回"路径"面板,单击面板的空白部分,取消路径的选择,此时在图像窗口中即可查看编辑并描边路径后的效果。

STEP 21 查看效果

完成本例的操作,保存文件,查看甜品屋 DM 单最终效果。

7.3 使用 3D 功能

3D 图像相对于平面图像更加立体逼真。Photoshop CS6 的 3D 功能不仅可以为图像添加光照、纹理材质、渲染效果,而且可以创建基本的 3D 图形,从而轻松制作一些立体感和质感超强的 3D 图像。本节将具体讲解 3D 功能应用及其操作方法。

7.3.1 创建 3D 文件

在 Photoshop CS6 中创建 3D 文件的方法有很多,可以从当前图层创建,也可以根据路径、选区和文字进行创建。下面对常用的创建 3D 文件的方法进行讲解。

1. 从 3D 文件新建图层

从 3D 文件新建图层是指直接打开 3D 模型的文件,将其转换为 3D 图层。其方法是: 选择【3D】/【从 3D 文件新建图层】命令,打开"打开"对话框,在其中选择需要打开的文件,此时 3D 文件将自动出现在"图层"面板中。

2. 从所选图层新建 3D 凸出

普通图层、智能对象图层、文字图层、形状图层和填充图层等图层都能通过选择【3D】/【从所选图层新建 3D 凸出】命令将其转换为 3D 对象。转换完成后还能对 3D 对象进行编辑,设置其环境、场景和材质等属性。

3. 从所选路径新建 3D 凸出

如果文件中包含路径，也可选择【3D】/【从所选路径新建 3D 凸出】命令，根据路径来新建 3D 对象。创建后可使用 3D 对象工具对其进行查看，或通过"属性"面板调整其属性。

4. 从当前选区新建 3D 凸出

选择【3D】/【从当前选区新建 3D 凸出】菜单命令，可以将当前对象转换到 3D 网格中。其操作方法与从所选图层新建 3D 凸出和从所选路径新建 3D 凸出类似，这里不再赘述。

7.3.2 编辑 3D 对象

创建或打开 3D 对象后，工具属性栏中将自动显示 3D 对象的工具按钮，包括"旋转 3D 对象"按钮、"滚动 3D 对象"按钮、"拖曳 3D 对象"按钮、"滑动 3D 对象"按钮和"缩放 3D 对象"按钮。

3D 编辑工具属性栏中相关按钮的作用介绍如下。

"旋转 3D 对象"按钮：单击该按钮，将鼠标指针移动到对象上并按住鼠标左键，上下拖曳可将对象水平旋转，左右拖曳可将对象垂直旋转；若将鼠标指针置于场景中并上下、左右拖曳鼠标，则可旋转相机视图。

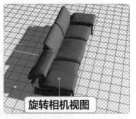

"滚动 3D 对象"按钮：单击该按钮，在 3D 对象两侧拖曳鼠标可使模型围绕 z 轴旋转；若将鼠标指针置于场景中拖曳，则可滚动相机视图。

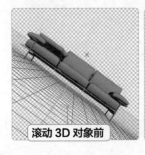
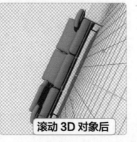

"拖曳 3D 对象"按钮：单击该按钮，在 3D 对象上、下、左或右侧拖曳鼠标，可使模型沿水平或垂直方向移动；若将鼠标指针置于场景中拖曳，则可沿 x 或 y 方向平移相机视图。

"滑动 3D 对象"按钮：单击该按钮，在 3D 对象左右两侧拖曳鼠标，可使其沿水平方向移动；上下拖曳鼠标，则使对象向前移近或向后移远；若将鼠标指针置于场景中拖曳，则可移近或移远相机视图。

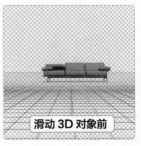

"缩放 3D 对象"按钮：单击该按钮，在 3D 对

象上下两侧拖曳鼠标，可使模型放大或缩小；若将鼠标指针置于场景中拖曳，则可改变 3D 相机视角。

缩放 3D 对象前

缩放 3D 对象后

技巧秒杀

从3D图层生成工作路径

若想将3D对象转换为路径，可先选择3D对象所在的图层，选择【3D】/【从3D图层生成工作路径】命令，或在3D对象的基础上生成工作路径。

7.3.3 编辑 3D 效果

编辑 3D 效果是指对 3D 对象的 3D 场景、3D 网格、材质、光源效果进行编辑，以得到满意的 3D 效果。下面分别进行介绍。

1. 编辑 3D 场景

3D 场景是指存在 3D 对象、网格和光源的虚拟空间。编辑 3D 场景可以对表面效果、网格线与点等进行设置。选择【窗口】/【3D】命令，即可在打开的"属性"面板中进行设置。

"属性"面板中相关选项的含义介绍如下。

🔷 "预设"下拉列表框：用于选择 3D 对象的渲染方式。

🔷 "横截面"复选框：单击选中该复选框，可通过设置复选框下面的切片、位移、倾斜、不透明度等参数来查看对象内部效果。

🔷 "表面"复选框：单击选中该复选框，可显示对象，通过其后的"样式"下拉列表可选择表面的样式。

🔷 "线条"复选框：单击选中该复选框，可显示对象的边框，在其后可设置线条样式、宽度、角度、颜色等参数。

🔷 "点"复选框：单击选中该复选框，可显示对象的网格点，在其后可设置线条样式、半径、颜色

等参数。

🔷 "线性化颜色"复选框：单击选中该复选框，可为 3D 对象设置线性化颜色。

2. 编辑 3D 网格

3D 网格用于控制对象及阴影的位置关系，在"属性"面板顶部单击"网格"按钮，在打开的面板中即可对 3D 网格进行编辑。

"网格"面板中相关选项的含义介绍如下。

🔷 "捕捉阴影"复选框：单击选中该复选框，可显示阴影。

🔷 "投影"复选框：单击选中该复选框，可显示投影。

🔷 "不可见"复选框：单击选中该复选框，可隐藏网格，并显示阴影与投影。

3. 编辑材质

材质覆盖在对象表面，可表现出纹理效果，并增强图像的真实感，不同的材质将得到不同的质感与视觉效果。为 3D 对象添加材质的具体操作如下。

STEP 1 打开素材文件并选择命令

打开素材文件，选择 3D 对象所在图层。选择【窗口】/【3D】命令，在打开的"属性"面板顶部单击"材质"按钮 。

STEP 2 载入材质纹理

在"预设"下拉列表中可选择应用预设的材质，这里单击"漫射"下拉列表后的 按钮，在打开的下拉列表中选择"载入纹理"选项。

STEP 3 设置材质参数

在"打开"对话框中选择需要载入的纹理，单击"打开"按钮。

STEP 4 查看效果

在"属性"面板中设置闪亮、反射、粗糙度、凹凸、折射、漫射颜色等参数，查看更改材质后的效果。

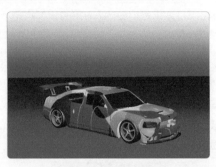

4. 编辑光源

光源用于照亮对象及场景，如文件中没有光源，图像将会一片漆黑。在 3D 属性面板中单击"显示所有光照"按钮 ，"类型"下拉列表提供了无限光、聚光灯、电光 3 种光源，选择一种光源后，可在面板中设置光照强度、光照颜色、阴影、柔和度等参数。将鼠标指针移动到 3D 对象上，拖曳鼠标可旋转光源。

7.3.4 调整并渲染 3D 模型

创建好 3D 模型后，除了可以对 3D 对象的场景、网格和材质进行设置，还可以对 3D 模型进行调整和渲染，使其效果更加符合需要。

1. 拆分 3D 对象

基于选区、路径或当前图层创建的 3D 对象都是一个整体的 3D 模型，此时并不能对其中的某一部分进行编辑，用户可通过拆分 3D 对象的功能对其进行操作。其方法是：打开需要编辑的图像文件，选择 3D 对象，选择【3D】/【拆分凸出】命令，在打开的提示对话框中单击"确定"按钮。

2. 调整纹理模型的位置

除了可以载入纹理或替换纹理，还可以对纹理的位置进行编辑，使 3D 对象中显示的纹理效果更加真实。其方法是：在 3D 面板中单击"显示所有材质"按钮 ，选择需要进行编辑的材质，在材质"属性"面板中单击"漫射"右侧的 按钮，在打开的下拉列表中选择"编辑 UV 属性"选项，打开"纹理属性"对话框，在其中分别设置 U/V 比例和 U/V 位移的值。

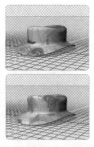

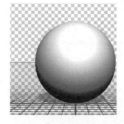

3. 在 3D 模型上绘画

通过画笔等工具也可以在已有纹理材质的 3D 模型上添加其他图案或纹理，使 3D 模型的效果更丰富。其绘制方法是：打开 3D 模型图像，选择【3D】/【在目标纹理上绘画】命令，在弹出的子菜单中选择一种映射命令，设置前景色，选择画笔工具，选择一种画笔笔尖样式，然后在 3D 模型上单击鼠标进行绘制。

4. 渲染 3D 模型

渲染 3D 模型是指对 3D 模型中的光照、阴影等进行处理，以减少阴影中的杂色，增强图像的光照效果，提高图像的品质。进行渲染的方法是：打开一个 3D 模型图像，选择【3D】/【渲染】命令或按【Ctrl+Shift+Alt+R】组合键。需要注意的是，渲染一般需要大量的时间，如果不需要对整个 3D 模型进行渲染，可使用选区工具在模型中创建一个选区，然后选择"渲染"命令，此时将只渲染选区内的图像内容。若不想再进行渲染，可按【Esc】键结束。

7.3.5 实战案例——制作 3D 文字

本案例将使用 3D 功能来制作 3D 文字效果，主要讲解使用 3D 功能创建 3D 对象，编辑 3D 材质、场景、光源，以及 3D 对象的拆分等操作，综合练习 3D 功能的应用。

微课：制作 3D 文字

素材：光盘 \ 素材 \ 第 7 章 \ 环保海报 \	
效果：光盘 \ 效果 \ 第 7 章 \ 3D 海报 .psd	

STEP 1 添加素材并输入文本

❶打开"背景 .psd"素材文件，在工具箱中选择横排文字工具，在工具属性栏中设置字体为"汉仪粗黑简"；❷设置字号为"120 点"；❸设置字形为"浑厚"；❹设置文本颜色为"白色"；❺输入文本"抗旱"。

STEP 2 将文字创建为 3D 对象

❶选择"抗旱"图层，隐藏背景图层；❷选择【3D】/【从所选图层新建 3D 凸出】命令，即可基于文字创建 3D 文字模型，打开提示对话框，单击"是"按钮，返回图像窗口查看创建的 3D 对象效果。

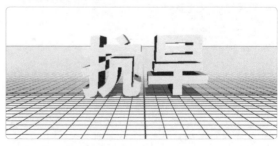

STEP 3 旋转 3D 对象的角度

❶在工具属性栏的"3D模式"栏中单击"旋转3D对象"按钮；❷向右拖曳 3D 对象，旋转其角度，查看旋转角度后的效果。

STEP 4 设置预设形状

❶单击选择 3D 对象，或在"3D"面板中单击"显示所有 3D 网格和 3D 突出"按钮；❷打开"属性"面板，单击"形状预设"下拉列表框右侧的下拉按钮；❸在打开的下拉列表框中选择"凸出"选项；❹设置突出深度为"120"。

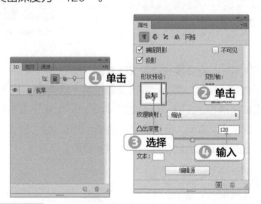

STEP 5 设置 3D 突出变形

❶在"属性"面板顶部单击"变形"按钮；❷在打开的面板中设置锥度为"90%"，在图像窗口左上角可查看变形效果。

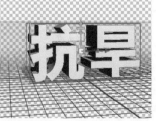

STEP 6 选择前面的材质

❶在"3D"控制面板单击"显示所有材质"按钮；❷选择"抗旱前膨胀材质"选项；❸打开"属性"面板，单击"漫射"列表后的文件夹图标按钮；❹在打开的下拉列表中选择"载入纹理"选项。

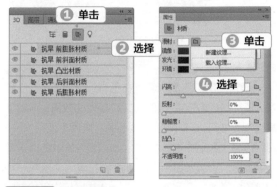

STEP 7 载入纹理

❶在"打开"对话框中选择"纹理 .jpf"素材文件；❷单击"打开"按钮，返回工作界面。

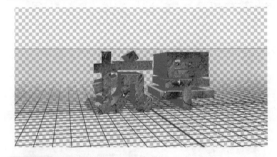

STEP 8 更改纹理的显示

❶单击"漫射"下拉列表框右侧的文件夹图标；❷在打开的下拉列表中选择"编辑 UV 属性"选项；❸打开"纹理属性"对话框，设置"U 比例"为"65%"，用于设置纹理横向显示的大小；❹设置"V 比例"为

PART 07

"65%"，用于设置纹理纵向显示的大小；❺设置"U位移"为"90%"，用于表示纹理向右移动90%；❻设置"V位移"为"5%"，用于设置纹理向上移动5%；❼单击"确定"按钮。

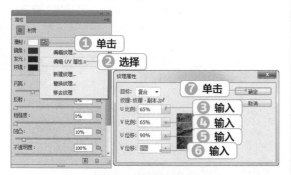

STEP 9 **设置光照属性**

❶使用相同的方法为其他面设置相同的纹理效果，在"属性"面板中单击"光源"按钮；❷在"光照类型"下拉列表中选择"无限光"选项；❸设置"强度"为"120%"；❹设置柔和度为"20"；❺设置颜色为"f9f7e4"。

STEP 10 **旋转光源**

显示背景图层，拖曳光源控制柄上的小球至太阳处，模拟阳光照射物体的效果。

STEP 11 **渲染 3D 模型**

选择【3D】/【渲染】命令或按【Ctrl+Shift+Alt+R】组合键，即可对 3D 模型进行渲染，渲染时将出现蓝色网格。

STEP 12 **拆分 3D 突出**

为了单独编辑某个文字的 3D 效果，需要选择【3D】/【拆分突出】命令，在打开的对话框中单击"确定"按钮，将丢失设置的动画效果。返回图像编辑窗口，单击选择"旱"文本，将出现该文本的 3D 编辑框。

STEP 13 **缩小 3D 对象**

在工具属性栏单击"缩小 3D 对象"按钮，向内拖曳变形框右下角的控制点，缩小 3D 对象。

STEP 14 滚动 3D 对象

在工具属性栏中单击"滚动 3D 对象"按钮，向下拖曳变形框右上角的控制点，滚动 3D 对象，营造"抗旱"的意境。

STEP 15 栅格化 3D 图层

❶选择 3D 图层，在其上单击鼠标右键，在弹出的快捷菜单中选择"栅格化 3D"命令，将其转化为普通图层；❷选择栅格化后的图层，在"图层"面板底部单击"创建图层蒙版"按钮为其创建图层蒙版。

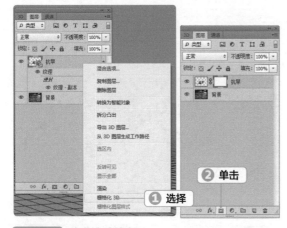

STEP 16 隐藏文本脚部

❶将前景色设置为黑色，设置画笔样式为"柔边圆"；❷设置画笔大小为"20 像素"，设置画笔不透明度为"50%"；❸在文本脚部涂抹，隐藏脚部，使文字与大地融为一体。

STEP 17 添加投影

❶双击文字图层，在打开的"图层样式"对话框中选择"投影"选项；❷设置"混合模式"为"叠加"；❸设置不透明度为"75%"；❹设置角度为"120"度；❺设置扩展为"2%"；设置大小为"10"像素；❻单击"确定"按钮，查看添加投影后的效果。

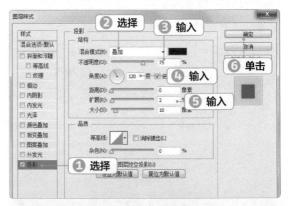

STEP 18 输入文本

❶在工具箱中选择横排文本工具；❷设置字体格式为"Stencil"；❸设置字号为"20.61 点"；❹设置字形为"犀利"；❺设置字体颜色为"#bc7715"；❻输入"KANG HAN"，使用相同的方法输入其他文本，设置中文的字体为"黑体"。

1. 制作切开文字

结合设置图层混合模式、栅格化文字等知识，制作切开文字效果。

提示如下。

🔹 打开"数码背景.jpg"图像文件，设置"字体、字号、消除锯齿、字体颜色"分别为"Bernard MT Condensed、300 点、浑厚、黑色"，并输入文本。

🔹 设置"投影"效果的"不透明度、角度、大小"分别为"75%、15 度、10 像素"。

🔹 设置"渐变叠加"效果的"混合模式、渐变、样式、角度、缩放"分别为"变亮、黑白渐变、线性、90 度、150%"。

🔹 栅格化文字，并使用画笔工具绘制文字投影。

🔹 选择【滤镜】/【模糊】/【高斯模糊】命令，打开"高斯模糊"对话框，设置半径为"18"。

🔹 选择栅格化后的图层，在工具箱中选择多边形套索工具，在文字的底部绘制出文字底部的选区，并调整选区。

2. 制作果冻字

使用文本的输入、编辑、变换、图层样式的设置等操作，制作果冻字。

提示如下。

🔹 打开"果冻字背景.jpg"素材文件，将其另存为"果冻字"，输入文本"sunday"，将每个字母放置在不同图层中，并设置字体为"Billo"；旋转各个文本的角度，调整其位置。

🔹 打开"图层样式"面板，添加投影效果，设置"混合模式、不透明度、角度、距离、扩展、大小、等高线"分别为"正片叠底、75%、120 度、9 像素、0%、3 像素、锥形"。

🔹 添加内阴影效果。设置"混合模式、不透明度、角度、距离、阻塞、大小、等高线"分别为"正片叠底、

60%、120 度、7 像素、0%、8 像素、线性"。

❖ 添加内发光效果。设置"混合模式、不透明度、颜色、大小"分别为"滤色、100%、#8cd8ff、29 像素"，编辑等高线样式。

❖ 添加斜面和浮雕效果。设置"深度、大小、角度、高度、光泽等高线"分别为"317%、10 像素、120 度、30 度、环形一双"。

❖ 添加颜色叠加效果。设置"混合模式、不透明度、颜色"分别为"正常、100%、#00d8ff"。

❖ 添加描边效果。设置"混合模式、大小、位置、填充颜色、不透明度"分别为"正常、2 像素、外部、#24a3fc、100%"。按住【Alt】键，将图层样式复制到其他文字图层。

❖ 添加"背景 .jig"素材文件，将其置于果冻字图层的下方，并调整其图层混合模式为"颜色减淡"。

高手竞技场

1. 编辑旅游宣传单

下面将对"旅游宣传单 .jpg"图片进行编辑，要求如下。

❖ 打开"旅游宣传单 .jpg"素材照片，创建横排文字，设置文本格式创建变形效果。

❖ 输入宣传说明的段落文字，然后在画面左侧输入其他文字，设置字符与段落格式。

❖ 在中间输入竖排文字，添加形状修饰文本。

2. 编辑音乐海报

打开提供的素材图片，制作音乐海报，主要使用文字的输入、文字格式的设置、栅格化文字以及图像的绘制等操作。

08 Chapter

第 8 章

使用矢量工具和路径

/ 本章导读

本章将详细讲解 Photoshop CS6 中的路径和形状工具,
包括钢笔和形状等矢量工具的具体使用方法和操作技巧。
与画笔工具不同,通过钢笔和形状绘制的图像均为矢量图。
读者应通过本章的学习熟练使用钢笔工具进行抠图和绘图,
认识矢量工具的绘制模式,以及综合使用各种工具。

8.1 创建和编辑路径

在 Photoshop 中，通过路径可以精确地绘制和调整图形区域，使图形的绘制更加简单方便。而使用"路径"面板来设置参数是绘制路径的基础操作。本节将详细讲解钢笔工具和自由钢笔工具的使用方法，路径和选区之间的转换方法，以及认识和熟悉"路径"面板等知识，为创建和编辑路径打下基础。

8.1.1 选择绘图模式

使用 Photoshop 中的钢笔工具和形状等矢量工具创建不同对象时，可以选择绘图模式。绘图模式是指绘制图形后，图像形状所呈现的状态，包括形状、路径和像素 3 种模式。选择形状工具或路径工具后，即可在其工具属性栏中选择绘图模式。

矢量工具属性栏中相关选项的含义如下。

◈ 形状：是指绘制的图形将位于一个单独的形状图层中。它由形状和填充区域两部分组成，是一个矢量的图形，同时出现在路径面板中。用户可以根据需要对形状的描边颜色、样式，以及填充区域的颜色等进行设置。

◈ 路径：一段封闭或开放的线段，能够通过锚点对路径的曲线进行调整，使线条更柔和。它将出现在"路径"面板中，能够将其转换为选区、矢量蒙版或形状图层，也可以进行填充和描边，从而得到光栅化的图像。

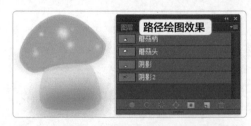

◈ 像素：像素模式下绘制的图像可设置其混合模式和不透明度，使图像效果更加丰富。该选项不能用于钢笔工具，适用于形状工具，不能创建矢量图形，因此"路径"面板中不会有路径。

8.1.2 认识路径

路径是由贝塞尔曲线构成的图像，即由多个节点的线条构成的一段闭合或者开放的曲线线段。在 Photoshop 中，路径常用于勾画图像区域（对象）的轮廓，在图像中显示为不可打印的矢量图像。用户可以沿着产生的线段或曲线对其进行填充和描边，还可将其转换为选区。

1. 认识路径元素

路径主要由线段、锚点、控制柄组成。

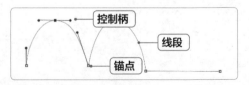

150

- 线段：线段分为直线段和曲线段两种，使用钢笔工具可绘制出不同类型的线段。
- 锚点：锚点指与路径相关的点，即每条线段两端的点，由小正方形表示，其中锚点表现为黑色实心时，表示该锚点当前选择的定位点。定位点分为平滑点和拐点两种。
- 控制柄：指调整线段（曲线线段）位置、长短、弯曲度等参数的控制点。选择任意锚点后，该锚点上将显示与其相关的控制柄，拖曳控制柄一端的小圆点，即可修改该线段的形状和曲度。

2. 认识"路径"面板

"路径"面板主要用于存储和编辑路径。默认情况下，"路径"图层与"图层"面板在同一面板组中，但由于路径不是图层，所以创建的路径不会显示在"图层"面板中，而是单独存在于"路径"面板中。选择【窗口】/【路径】菜单命令可打开"路径"面板。

"路径"面板中相关选项的含义介绍如下。

- 当前路径："路径"面板中以蓝色底纹显示的路径为当前活动路径，选择路径后的所有操作都是针对该路径的。
- 路径缩略图：用于显示该路径的缩略图，通过它可查看路径的大致样式。
- 路径名称：显示该路径的名称，双击路径后其名称处于可编辑状态，此时可对路径进行重命名。
- "用前景色填充路径"按钮：单击该按钮，将在当前图层为选择的路径填充前景色。
- "用画笔描边路径"按钮：单击该按钮，将在当前图层为选择的路径用前景色描边，描边粗细为画笔笔触大小。
- "将路径转为选区载入"按钮：单击该按钮，可将当前路径转换为选区。
- "从选区生成工作路径"按钮：单击该按钮，可将当前选区转换为路径。
- "创建新路径"按钮：单击该按钮，将创建一个新路径。
- "删除当前路径"按钮：单击该按钮，将删除选择的路径。

8.1.3 使用钢笔工具绘图

钢笔工具是矢量绘图工具，使用钢笔工具绘制出来的矢量图形即为路径。在 Photoshop 中，可使用钢笔工具组来完成路径的绘制和编辑。其主要包括钢笔工具、自由钢笔工具、添加锚点工具、删除锚点工具和转换点工具。

1. 钢笔工具

选择钢笔工具后，即可使用钢笔工具绘制直线和曲线线段。

- 绘制直线线段：选择钢笔工具，在图像中依次单击鼠标产生锚点，即可在生成的锚点之间绘制一条直线线段。

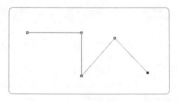

- 绘制曲线线段：选择钢笔工具，在图像上单击并拖曳鼠标，即可生成带控制柄的锚点；继续单击并拖曳鼠标，即可在锚点之间生成一条曲线线段。

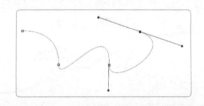

2. 自由钢笔工具

自由钢笔工具主要用于绘制比较随意的路径。它与钢笔工具的最大区别就是钢笔工具需要遵守一定的规则，而自由钢笔工具的灵活性较大，与套索工具类似。

选择自由钢笔工具，在图像上单击并拖曳鼠标，即可沿鼠标的拖曳轨迹绘制一条路径。

3. 添加锚点工具

添加锚点工具主要用于在绘制的路径上添加新的锚点，将一条线段分为两条，同时便于对这两条线段进行编辑。

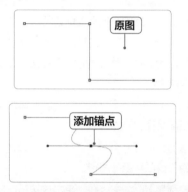

4. 删除锚点工具

删除锚点工具 主要用于删除路径上已存在的锚点，将两条线段合并为一条。选择删除锚点工具 ，

在要删除的锚点上单击鼠标即可。

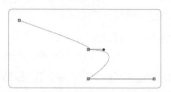

5. 转换点工具

转换点工具主要用于转换锚点上控制柄的方向，以更改曲线线段的弯曲度和走向。

- 新增控制柄：选择转换点工具，在没有或只有一条控制柄的锚点上单击并拖曳鼠标，可生成一条或两条新的控制柄；在有控制柄的锚点上单击并拖曳鼠标，可重新设置已有控制柄的走向。
- 调整控制柄：选择转换点工具，在控制柄一端的小圆点上按住并拖曳鼠标，即可调整控制柄方向。

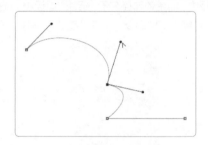

8.1.4 选择路径

对对路径进行编辑，要通过工具箱中的路径选择工具组选择路径，其中包括路径选择工具和直接选择工具。

1. 路径选择工具

路径选择工具用于选择完整路径。选择路径选择工具，在路径上单击即可选择该路径，在路径上按住并拖曳鼠标，可移动所选路径的位置。

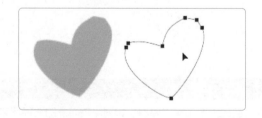

2. 直接选择工具

直接选择工具用于选择路径中的线段、锚点和控制柄等。选择直接选择工具，在路径上的任意位置单击，将出现锚点和控制柄，任意选择路径中的线段、锚点、控制柄，然后按住鼠标左键不放并向其他方向拖曳，可对选择的对象进行编辑。

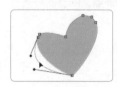

8.1.5 修改路径

通常情况下，锚点之间的线段并不一定是所需的路径形状，此时必须通过修改路径来获取最终效果。每个锚点都可生成两条控制柄，分别控制锚点两端连接的线段。通过拖曳控制柄，可调整线段的弯曲度和长度。这种控制可同时进行也可分别进行。

PART 08

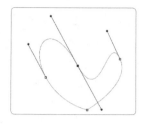
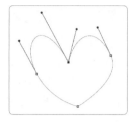

8.1.6 填充和描边路径

绘制路径后，通常需要对其进行编辑和设置，以制作各种效果的图像，如对路径进行颜色填充和描边等。

1. 填充路径

填充路径是指将路径内部填充为颜色或图案，主
要有以下两种方法。

❁ 在"路径"面板中选择路径，单击"用前景色填充
路径"按钮 ，即可将其填充为前景色。

❁ 在路径上单击鼠标右键，在弹出的快捷菜单中选择
"填充路径"命令，可打开"填充路径"对话框，
在"内容"栏的"使用"下拉列表中可设置填充内
容为纯色或图案。

2. 描边路径

描边路径是指使用图像绘制工具或修饰工具沿路
径绘制图像或修饰图像，主要有以下两种方法。

❁ 在"路径"面板中选择路径，单击"用画笔描边路径"
按钮 ，可使用铅笔工具对路径进行描边。

❁ 在路径上单击鼠标右键，在弹出的快捷菜单中选择
"描边路径"命令，打开"描边路径"对话框，在"工
具"下拉列表中选择描边工具，单击"确定"按钮
即可进行描边。

8.1.7 路径和选区的转换

路径和图层不同，它只能进行简单的参数设置，若要应用特殊效果，如样式或滤镜等，则需要将其转换为选
区。在 Photoshop 中，路径和选区之间可以相互转换。

❁ 路径转换为选区：选择路径后，在"路径"面板下
方单击"将路径作为选区载入"按钮 ，或在图
像窗口中的路径上单击鼠标右键，在弹出的快捷菜
单中选择"建立选区"命令，打开"建立选区"对

话框，在其中设置羽化半径等参数后，单击"确定"
按钮即可。

❁ 选区转换为路径：载入选区后，在"路径"面板下
方单击"从选区生成工作路径"按钮 。

8.1.8 运算和变换路径

通过使用运算路径或变换路径等方法，可实现快速从已有的路径中得到某图像的效果。

1. 运算路径

与选区运算一样，路径也具备添加、减去、交叉等功能，这些功能就是路径的运算。路径的运算可通过工具属性栏中的 按钮组实现，其具体含义如下。

- "添加到形状区域"按钮：即相加模式，指将两个路径合二为一。选择要添加的路径，在工具属性栏中单击该按钮，然后单击"组合"按钮即可。
- "从形状区域减去"按钮：即相减模式，指将一个路径的区域全部减去（若重叠，重叠部分同样要减去）。选择路径后，在工具属性栏中单击该按钮，然后单击"组合"按钮即可。
- "交叉形状区域"按钮：即叠加模式，指只保留两个路径形成区域重合的部分。选择路径后，在工具属性栏中单击该按钮，然后单击"组合"按钮即可。
- "重叠形状区域除外"按钮：即交叉模式，指两个形状相交。选择路径后，在工具属性栏中单击该按钮，然后单击"组合"按钮即可。

2. 变换路径

绘制路径后，若需要对路径的大小或方向等参数进行修改，可通过变换路径来实现。选择路径后，按【Ctrl+T】组合键或在路径上单击鼠标右键，在弹出的快捷菜单中选择"自由变换路径"命令，即可进入变换状态。

- 调整路径大小：进入变换状态后，路径四周将出现控制节点，将鼠标指针移至节点上，单击鼠标并拖曳可调整路径大小。
- 调整路径方向：将鼠标指针移至控制节点外，当其变为形状时，单击并按住鼠标进行拖曳，可调整路径的角度和方向。

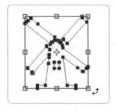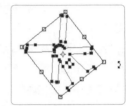

8.1.9 存储路径

在 Photoshop 中，绘制的路径都将作为一个对象放置在"路径"面板中，并以"工作路径"为名显示。双击"工作路径"，打开"存储路径"对话框，在"名称"文本框中输入路径名称，然后单击"确定"按钮即可将路径存储在文件中，以便随时进行编辑。

8.1.10 实战案例——制作音乐图标

本例将打开"音乐背景.psd"图像文件，在该图像中使用钢笔工具绘制图标背景，并为绘制的路径填充纯色、渐变色等，从而制作一个心形图标，其具体操作步骤如下。

微课：制作音乐图标

素材：光盘\素材\第8章\音乐图标\
效果：光盘\效果\第8章\音乐图标.psd

STEP 1 绘制直线
打开"音乐背景.psd"图像，选择【视图】/【显示】/【网格】命令，显示网格。在工具箱中选择钢笔工具，使用鼠标在图像上单击创建锚点。再使用鼠标在图像上单击创建另一个锚点，绘制一条直线。

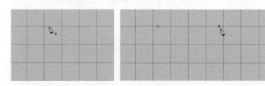

STEP 2 绘制曲线和直线
使用鼠标在第2个锚点垂直处下方单击，并按住鼠标向垂直方向拖曳，绘制一条曲线。再使用鼠标在锚点的下方单击，绘制一条直线。

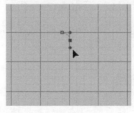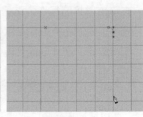

STEP 3　继续绘制圆角矩形

使用鼠标在第 4 个锚点左下方单击，并按住鼠标向水平方向拖曳，绘制一条曲线。使用相同的方法，创建其他锚点。最后单击最开始创建的第 1 个锚点，闭合路径，绘制一个圆角矩形。

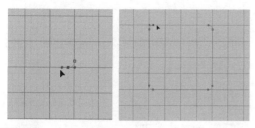

STEP 4　继续绘制圆角矩形

❶新建图层，并打开"路径"面板，单击██按钮，将路径转换为选区；❷使用白色填充选区，并将该图层的"不透明度"设置"70%"，选择【视图】/【显示】/【网格】命令，取消显示网格。

STEP 5　添加投影

❶取消选区，选择【图层】/【图层样式】/【投影】命令，打开"图层样式"对话框，设置"距离、扩展、大小"分别为"14、9、29"；❷单击"确定"按钮。

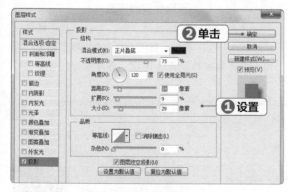

STEP 6　绘制曲线并删除方向线

选择【视图】/【显示】/【网格】命令显示网格，使用鼠标在图像上绘制曲线。按住【Alt】键的同时在锚点上单击鼠标左键，删除方向线。

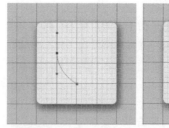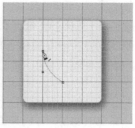

STEP 7　调整曲线的方向

继续使用鼠标绘制曲线。按住【Ctrl】键的同时将鼠标移动到锚点上方的方向线控制点上，拖曳鼠标调整控制点位置，从而调整曲线形状。

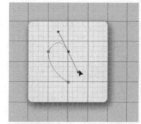

STEP 8　完成心形的绘制

使用相同的方法调整曲线，最后将图像绘制成一颗心形。新建图层，在"路径"面板中单击██按钮，将路径转换为选区。

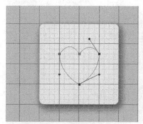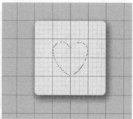

STEP 9　收缩选区

❶取消显示网格，将前景色设置为"#f4e226"，使用前景色填充选区；❷选择【选择】/【修改】/【收缩】命令，打开"收缩选区"对话框，设置"收缩量"为"15"像素；❸单击"确定"按钮。

STEP 10 平滑选区

❶选择【选择】/【修改】/【平滑】命令，打开"平滑选区"对话框，设置"取样半径"为"15"像素；❷单击"确定"按钮，按【Delete】键删除选区内容。

STEP 11 添加文字

在"图层"面板中选择"图层1"图层，删除内容并取消选区。打开"音乐图标文字.psd"图像，将文字添加到桃心下方。

STEP 12 绘制圆形

❶在工具箱中选择椭圆工具，在工具属性栏中设置填充颜色为"#d2d2d3"；❷单击 ⚙ 按钮，在打开的下拉列表中单击选中"固定大小"单选项，并设置绘制圆的半径为"16"；❸完成后在图像的左上角绘制圆形。

STEP 13 绘制正圆

选择【图层】/【图层样式】/【投影】命令。打开"图层样式"对话框，保持默认状态，单击"确定"按钮，即可查看添加投影后的效果。

STEP 14 绘制其他圆形

使用相同的方法再绘制3个圆形，并将其放置在图像的其他3个角。

 操作解谜

平滑处理的原因

使用钢笔工具绘制的心形，可能路径边缘不平滑。在删除选区时，图像看起来会有很多锯齿。因此在将路径转换为选区后，要对选区进行平滑处理。

8.1.11 实战案例——制作灯箱海报

路径抠图常用于画面内容复杂的图像。本例首先打开"男士侧颜.jpg"图像，使用钢笔工具创建路径抠图，并将其转换为选区，然后打开"城市.jpg"在其中制作人物剪影，并输入文字，从而完成灯箱海报的制作，其具体操作步骤如下。

微课：制作灯箱海报

| 素材：光盘\素材\第8章\灯箱海报\ |
| 效果：光盘\效果\第8章\灯箱海报.psd |

STEP 1 使用钢笔工具创建人物轮廓

❶打开"男士侧颜.jpg"图像，在工具箱中选择钢笔工具；❷在人物的头部使用鼠标在图像上单击创建锚点；❸沿着人物的头部使用鼠标在图像上单击创建另一个锚点，绘制一条曲线路径。

STEP 2 继续绘制轮廓

使用鼠标沿着人物的轮廓单击绘制人物轮廓，在绘制时注意将背景同衣服进行区分，查看完成后的效果。

STEP 3 建立选区

❶在"路径"面板中，选择创建的工作路；❷在其上单击鼠标右键，在弹出的快捷菜单中选择"建立选区"命令；❸打开"建立选区"对话框，设置"羽化半径"为"2"像素；❹单击"确定"按钮。

STEP 4 调整人物位置

打开"城市.jpg"图像，在"男士侧颜"图像中选择移动工具，将建立选区后的图像拖曳到"城市"图像右侧，并调整人物位置和大小。

STEP 5 制作剪影效果

❶在"图层"面板中新建图层，并将其填充为白色，完成后设置不透明度为"80%"；❷将新建的图层移动到"图层1"下方；❸复制背景图层，并将其移动到最上方；❹在其上单击鼠标右键，在弹出的快捷菜单中选择"创建剪切蒙版"命令，对其创建剪切蒙版。

STEP 6 制作剪影效果

使用相同的方法添加字效，这里输入文字"拼搏""不达成功誓不休"，并设置字体为"汉仪长宋简"，调整字体大小并分别创建剪切蒙版。

STEP 7 使用曲线调整亮度

❶在"调整"面板中单击"曲线"按钮；❷打开"曲线"属性面板，在中间的编辑区的线条上，单击获取一点并向上拖曳，调整图像的亮度。

STEP 8 查看完成后的效果

返回图像编辑区，即可发现图像的颜色加深更加符合海报展示的需要，保存文件后查看效果。

8.2 使用形状工具

使用 Photoshop 绘制路径时，若需要绘制某一特定形状的路径，可通过形状工具来快速绘制与所选形状对应的路径。形状工具包括矩形工具、圆角矩形工具、椭圆工具、多边形工具、直线工具、自定形状工具等，下面将分别进行介绍。

8.2.1 矩形工具和圆角矩形工具

矩形工具用于绘制矩形和正方形，圆角矩形工具用于绘制圆角矩形，其使用方法大同小异。下面分别进行介绍。

1. 矩形工具

选择矩形工具，在图像中单击并拖曳鼠标即可绘制矩形，按住【Shift】键不放拖动鼠标并绘制，可得到正方形。除了通过拖曳鼠标来绘制矩形外，在 Photoshop 中还可以绘制固定尺寸、固定比例的矩形。选择矩形工具，在工具属性栏上单击 ⚙ 按钮，在打开的列表中进行设置即可。

矩形选项面板中相关选项的含义如下。

🔹 "不受约束"单选项：默认的矩形选项，在不受约束的情况下，可通过拖曳鼠标绘制任意形状的矩形。

🔹 "方形"单选项：单击选中该单选项后，拖曳鼠标绘制的矩形为正方形，与按住【Shift】键绘制相同。

🔹 "固定大小"单选项：单击选中该单选项后，在其后的"W"和"H"数值框中可输入矩形的长宽值，在图像中单击鼠标即可绘制指定长宽的矩形。

🔹 "比例"单选项：单击选中该单选项后，在其后的"W"和"H"数值框中可输入矩形的长宽比例值，在图像中单击并拖曳鼠标即可绘制长宽等比的矩形。

🔹 "从中心"复选框：一般情况下绘制的矩形，其起点均为单击鼠标时的点，而单击选中该复选框后，单击鼠标时的位置将为绘制矩形的中心点，拖曳鼠标时矩形由中间向外扩展。

2. 圆角矩形工具

圆角矩形工具用于创建圆角矩形，其使用方法和相关参数与矩形工具大致相同，只是在矩形工具的基础上多了一项"半径"选项，用于控制圆角的大小，半径越大，圆角越广。

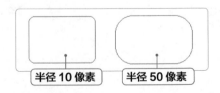

半径 10 像素　半径 50 像素

8.2.2 椭圆工具和多边形工具

椭圆工具用于绘制椭圆和正圆，多边形工具用于绘制正多边形。

1. 椭圆工具

椭圆工具用于创建椭圆和正圆，其使用方法和矩形工具一样。选择椭圆工具后，在图像窗口中单击并拖曳鼠标即可绘制。按住【Shift】键不放并绘制，或在工具属性栏上单击 ⚙ 按钮，在打开的面板中单击选中"圆形"单选项后绘制，可得到正圆形。

2. 多边形工具

多边形工具用于创建多边形和星形。选择多边形工具后，在其工具属性栏中可设置多边形的边数，在工具属性栏上单击 ⚙ 按钮，在打开的面板中可设置其他相关选项。

多边形选项菜单中相关选项的含义如下。

- 🔖 "半径"数值框：用于设置绘制的多边形的半径。
- 🔖 "平滑拐角"复选框：指将多边形或星形的角变为平滑角，该功能多用于绘制星形。
- 🔖 "星形"复选框：用于创建星形。单击选中该复选框后，"缩进边依据"数值框和"平滑缩进"复选框可用。其中"缩进边依据"用于设置星形边缘向中心缩进的数量，值越大，缩进量越大；"平滑缩进"复选框用于设置平滑的中心缩进，如正五边形、五角星"缩进边依据"为"45%"的平滑拐角星形、平滑缩进的五角星等将会表现出不同的角效果。

8.2.3 直线工具和自定形状工具

直线工具用于绘制直线和线段，自定形状工具用于绘制 Photoshop 中预设的各种形状。

1. 直线工具

直线工具用于创建直线和带箭头的线段。选择直线工具，单击并拖曳鼠标即可绘制任意方向的直线，按住【Shift】键的同时进行绘制，可得到垂直或水平方向上 45° 的直线。同时，在工具属性栏上单击 ⚙ 按钮，还可以设置其他相关参数。

直线选项面板中相关选项的含义如下。

- 🔖 "起点 / 终点"复选框：用于为直线添加箭头。单击选中"起点"复选框，将在直线的起点添加箭头；单击选中"终点"复选框，将在直线终点位置添加箭头；若同时单击选中两个复选框，则绘制的为双箭头直线。

- 🔖 "宽度"数值框：用于设置箭头宽度与直线宽度的百分比，范围为 10%~1000%。

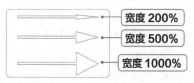

- 🔖 "长度"数值框：用于设置箭头长度与直线宽度的百分比，范围为 10%~1000%。

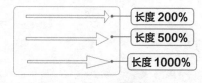

- 🔖 "凹度"数值框：用于设置箭头的凹陷程度，范围为 -50%~50%。一般情况下，箭头尾部平齐，此时凹度为 0%。若值大于 0%，箭头尾部向内凹陷；若值小于 0%，箭头尾部向外突出。

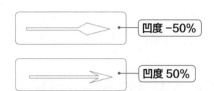

凹度 -50%

凹度 50%

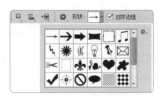

2. 自定形状工具

自定形状工具就是可以创建自定义形状的工具，包括 Photoshop 预设的形状或外部载入的形状。选择自定形状工具后，在工具属性栏的"形状"下拉列表中选择预设的形状，在图像中单击并拖曳鼠标即可绘制所选形状，按住【Shift】键不放并绘制，可得到长宽等比的形状。

操作解谜

载入形状

在 Photoshop 中，预设的自定形状是有限的，要使用外部提供的形状，必须先将形状载入形状库。方法为：在"形状"下拉列表右上角单击 ▶ 按钮，在打开的菜单中选择"载入形状"命令，打开"载入"对话框，选择要载入的形状，单击"载入"按钮后，该形状即可添加至"形状"下拉列表中。

8.2.4 实战案例——制作相册效果

本例将打开"相册.jpg"图像，在其中新建图层。先使用星形工具绘制选区，制作特殊效果，再使用历史记录画笔工具还原部分图像效果，最后使用椭圆工具在图像中绘制圆形以修饰图像，其具体操作步骤如下。

微课：制作相册效果

素材：光盘\素材\第8章\相册.jpg	
效果：光盘\效果\第8章\相册.psd	

STEP 1 设置工具属性

❶打开"相册.jpg"图像，按【Ctrl+J】组合键复制图层；❷在工具箱中选择多边形工具，在其工具属性栏中设置"绘图模式"为"路径"；❸设置"边"为"6"；❹单击 ⚙ 按钮，在打开的面板中单击选中"星形"和"平滑缩进"复选框，设置"缩进边依据"为"60%"。

STEP 2 绘制路径并将路径转换为选区

❶使用鼠标在图像上拖曳，绘制一个路径；❷选择【窗口】/【路径】命令，打开"路径"面板，在面板下方单击 ⬚ 按钮，将路径转换为选区。

STEP 3 填充颜色并设置图像混合模式

❶选择【选择】/【反向】命令，反向建立选区，将前景色设置为"#00fcff"；❷按【Alt+Delete】组合键使用前景色填充选区；❸取消选区，返回"图层"面板，设置图层混合模式为"柔光"，不透明度为"70%"。

STEP 4 还原图像颜色

在工具箱中选择历史记录画笔工具，使用鼠标在图像中人物身体区域涂抹，还原填充颜色前的图像效果。

STEP 5 还原图像颜色

❶在工具箱中选择椭圆工具；❷在其工具属性栏中设置"绘图模式"为"形状"；❸设置"填充、描边"

为"#00fcff、无颜色"；❹使用鼠标在图像上拖曳绘制两个正圆，再绘制两个白色的正圆。

STEP 6 输入文字并查看完成后的效果

使用文字工具在图像上输入文字"Your Name……"，并设置"字体，字号"为"Lucida Handwriting，40 号"，然后查看完成后的效果。

8.2.5 实战案例——制作名片

本例使用圆角矩形工具、椭圆工具、自定形状工具、文字工具制作名片的正反两面效果，其具体操作步骤如下。

素材：光盘 \ 素材 \ 第 8 章 \ 皇冠 .csh
效果：光盘 \ 效果 \ 第 8 章 \ 名片 .psd

微课：制作名片

STEP 1 绘制圆角矩形选框

新建一个"25×10"厘米的图像文件，选择圆角矩形工具，在工具属性栏上单击 按钮，在打开的面板中单击选中"固定大小"单选项，设置"W"为"8.5厘米"、"H"为"5.4"厘米，在图像上单击绘制一个圆角矩形选框。

STEP 2 填充颜色

在"路径"面板中将其载入选区，按【Ctrl+J】组合键生成一个新的图层，返回"图层"面板，单击新图层缩略图载入选区，选择渐变工具█，设置渐变色为

"R:170,G:3,B:44" 至 "R:190,G:20,B:64"，在选区中单击并拖曳鼠标，以填充渐变色。

STEP 3　添加文本

选择文字工具 T，输入文字"YOURS.你的"，设置字体为"汉仪丫丫体简"，字号为"26 点"，颜色为"白色"，字形为"仿粗体"。

STEP 4　添加皇冠

选择自定形状工具，载入素材文件中的"皇冠.csh"文件，然后绘制皇冠，调整皇冠大小和位置，设置前景色为白色，然后设置路径描边为前景色。

STEP 5　设置名片正面的描边颜色

设置前景色为"R:190,G:19,B:63"，移动圆角矩形路径，载入选区并生成新图层，为新图层载入选区并描边，大小为"1"，颜色为前景色。

STEP 6　绘制路径

绘制正圆路径，复制并缩小该路径，组合成同心圆。

在"图层"面板中选择上一个步骤中生成的新图层，返回"路径"面板，按住【Ctrl】键的同时单击组合的同心圆路径，将其载入选区，得到指定区域选区。

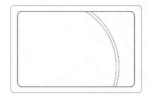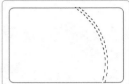

STEP 7　继续绘制路径

按【Ctrl+J】组合键生成新图层，为新图层选区填充颜色"R:190,G:19,B:63"，重复步骤（6）~ 步骤（7）的操作，获得两个部分相交的同心圆图层，调整图层所在位置。

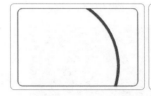

STEP 8　添加和设置文本

使用文字工具 T 为名片添加文字信息，设置文字效果，复制皇冠路径，生成新图层后为其填充前景色，最后调整各种图案和文字的位置。

STEP 9　查看效果

设置完成后，查看名片正面和背面的整体效果。

技巧秒杀

定义自定形状

选择绘制的路径，选择【编辑】/【定义自定形状】命令，在打开的对话框中为形状重命名，单击"确定"按钮，在自定义形状列表框中即可看见自定的形状位于末尾。

边学边做

1. 制作洗发水钻展图

淘宝钻展图是一种广告用图，要求图片精美，重点突出。本例首先使用磁性钢笔工具提取人像，并将路径转换为选区，再使用移动工具将抠取的图像移动到"洗发水钻展图"图像中。

提示如下。

❖ 打开"秀发美女.jpg"图像，在工具箱中选择自由钢笔工具，在工具属性栏中单击选中"磁性的"复选框，沿着人物的轮廓拖曳鼠标，抠取人物图像。

❖ 按【Ctrl+Enter】组合键，将路径转换为选区，反向建立选区，并删除反向的选区。

❖ 取消选区，打开"洗发水钻展图.psd"图像，使用移动工具将抠取的图像移动到"洗发水钻展图"图像中，按【Ctrl+T】组合键，调整图像的大小和位置。

❖ 在图层面板中选择秀发美女所在图层，将其拖曳到背景图层的上方，设置不透明度为"80%"。

2. 制作名片

使用自定形状工具可以绘制系统自带的不同形状，例如箭头、人物、花卉和动物等，大大简化了用户绘制复杂形状的难度。本例将打开"名片.jpg"图像，使用自定形状工具为名片的地址、电话和邮箱添加对应图标，制作名片效果。

提示如下。

❖ 在工具箱中选择圆角矩形工具，在工具属性栏设置填充颜色为"#5db531"，设置半径为"5像素"，绘制圆角矩形。

❖ 在工具箱中，选择自定形状工具，填充颜色设置为"白色"，单击"形状"栏右侧的下拉按钮，打开"形状"下拉列表框，在右上角单击 ❖ 按钮，在打开的面板中选择"全部"选项，替换当前列表框中的形状。

❖ 在"形状"下拉列表框中选择房子图形，在图像编辑区的圆角矩形上方绘制房子形状，完成地址图标的绘制。

❖ 在形状的下方绘制圆角矩形，并在其上使用自定形状工具，绘制邮箱图标和电话图标。

第 **8** 章 使用矢量工具和路径

163

![奖杯图标] **高手竞技场**

1. 绘制彩妆标志

绘制彩妆标志的要求如下。

🎁 新建像素为"7.5×8"厘米、文件名称为"商品标志"的图像文件。

🎁 选择钢笔工具，在图像中绘制一个类似人物的有弧度的路径，填充颜色为"#ffb200"。

🎁 在人形图像下方再绘制一个抽象人物路径，转换为曲线，填充颜色为"#ff00b2"。

🎁 使用同样的方法，再绘制3个抽象人物造型，分别填充颜色为"#047fb8""#1c9432"和"#fa0003"，将所有图像组合成一个圆形花瓣造型，并在下方输入文字。

2. 制作淑女装店招

先制作收藏模块，再制作店标，最后制作导航栏，要求如下。

🎁 新建大小为 1920 像素 ×150 像素、分辨率为 72 像素 / 英寸、名为"淑女装店招"的文件，并将其填充为浅绿色（#dcede5），选择矩形选框工具，绘制 485 像素 ×150 像素的矩形，并沿着矩形添加参考线。

🎁 绘制椭圆并填充颜色，在椭圆中输入并编辑文本。

🎁 绘制 350 像素 ×40 像素的矩形，将矩形栅格化，选择【滤镜】/【液化】命令，打开"液化"对话框，设置画笔大小为"50"，在矩形的右侧边部进行涂抹，使矩形具有波浪效果。

🎁 输入店铺名称并在下方绘制直线。选择画笔工具，在右侧的列表中打开"画笔"面板，单击选中"平滑"复选框，在右侧画笔中选择"25"号画笔，设置大小为"25"像素，在画布中绘制一条长条直线。

🎁 打开"铁艺线条 .psd"素材，将其拖曳到绘制的画笔线条的左侧，调整位置。

🎁 使用横排文字工具在绘制的线条上输入不同的文字，绘制红色（#e30d0d）矩形，并输入红色文字。

09 Chapter
第 9 章

使用通道、蒙版和滤镜

/ 本章导读

通道、蒙版和滤镜是 Photoshop 中非常重要的功能。使用通道可以对图像的色彩进行更改，或者利用通道抠取一些复杂图像；使用蒙版可以隐藏部分图像，方便图像的合成，并且不会对图像造成损坏；使用滤镜可以制作一些特殊效果的图像。本章将对通道、蒙版和滤镜的相关知识进行讲解。

9.1 使用通道

通道是 Photoshop 中保护图层选区信息的一项技术。本节将详细讲解通道的作用、"通道"面板的组成、通道的选择与创建、复制与删除、分离与合并等操作，以帮助用户掌握使用通道处理图像的技术。

9.1.1 认识通道

通道是存储颜色信息的独立颜色平面，Photoshop 图像通常都具有一个或多个通道。通道的颜色与选区有直接关系，完全为黑色的区域表示完全没有选择，完全为白色的区域表示完全选择，灰度的区域由灰度的深浅来决定选择程度，所以对通道的应用实质就是对选区的应用。通过对各通道的颜色、对比度、明暗度、滤镜添加等进行编辑，可得到特殊的图像效果。

通道可以分为颜色通道、Alpha 通道、专色通道 3 种。在 Photoshop CS6 中打开或创建一个新的图层文件后，"通道"面板将默认创建颜色通道。而 Alpha 通道和专色通道都需要手动进行创建，其含义与创建方法将在后面进行讲解。图像的颜色模式不同，包含的颜色通道也有所不同。下面对常用图像模式的通道进行介绍。

- RGB 图像的颜色通道：包括红（R）、绿（G）、蓝（B）3 个颜色通道，用于保存图像中相应的颜色信息。
- CMYK 图像的颜色通道：包括青色（C）、洋红（M）、黄色（Y）、黑色（K）4 个颜色通道，分别用于保存图像中相应的颜色信息。
- Lab 图像的颜色通道：包括亮度（L）、色彩（a）、色彩（b）3 个颜色通道。其中 a 通道包括的颜色是从深绿色到灰色再到亮粉红色；b 通道包括的颜色是从亮蓝色到灰色再到黄色。
- 灰色图像的颜色通道：该模式只有一个颜色通道，用于保存纯白、纯黑、两者中的一系列从黑到白的过渡色信息。
- 位图图像的颜色通道：该模式只有一个颜色通道，用于表示图像的黑白两种颜色。
- 索引图像的颜色通道：该模式只有一个颜色通道，用于保存调色板的位置信息，具体的颜色由调色板中该位置所对应的颜色决定。

9.1.2 认识"通道"面板

对通道的操作需要在"通道"面板中进行。默认情况下，"通道"面板、"图层"面板、"路径"面板在同一组面板中，可以直接单击"通道"选项卡，打开"通道"面板。下图所示为 RGB 图像的颜色通道。

相关选项的含义如下。

- "将通道作为选区载入"按钮 ：单击该按钮可以将当前通道中的图像内容转换为选区。选择【选择】/【载入选区】命令和单击该按钮的效果一样。
- "将选区存储为通道"按钮 ：单击该按钮可以自动创建 Alpha 通道，并保存图像中的选区。选择【选择】/【存储选区】命令和单击该按钮的效果一样。
- "创建新通道"按钮 ：单击该按钮可以创建新的 Alpha 通道。
- "删除通道"按钮 ：单击该按钮可以删除选择的通道。

9.1.3 新建 Alpha 通道

Alpha 通道主要用于保存图像的选区，在默认情况下新创建的一般通道名称默认为 Alpha X（X 为按创建顺序依次排列的数字）通道。其方法为：选择【窗口】/【通道】命令，打开"通道"面板。单击"通道"面板下方的■按钮，新建一个 Alpha 通道，此时即可看到图像被黑色覆盖，通道信息栏中出现"Alpha1"通道，选择"RGB"通道，可发现红色铺满整个画面。

9.1.4 创建专色通道

微课：创建专色通道

专色是指使用一种预先混合好的颜色替代或补充除了 CMYK 以外的油墨，如明亮的橙色、绿色、荧光色、金属金银色油墨。如果要印刷带有专色的图像，就需要在图像中创建一个存储这种颜色的专色通道。其具体操作如下。

STEP 1 **选择"新建专色通道"选项**
打开任意图像，单击"通道"面板右上角的■按钮，在打开的下拉列表中选择"新建专色通道"选项。

STEP 3 **查看效果**
在"通道"面板中可查看创建的专色通道效果。

STEP 2 **设置专色通道**
打开"新建专色通道"对话框，在"名称"文本框中可输入新建专色通道的名称，这里保持默认，单击"确定"按钮。

技巧秒杀

其他创建专色通道的方法
按住【Ctrl】键同时单击"通道"面板底部的"创建新通道"按钮■，也可以打开"新建专色通道"对话框。

9.1.5 复制与删除通道

在调整颜色或使用通道抠图过程中往往需要先复制通道，再进行其他操作。而当完成某个操作后，若不需要再次使用该通道，可将复制后的通道删除，以保证制作的完整性。下面分别对复制通道和删除通道的方法进行介绍。

1. 复制通道

在对通道进行操作时，为了防止错误操作，可在对通道进行操作前复制通道。复制通道的方法主要有以下两种。

◈ 通过鼠标拖曳复制：在"通道"面板中选择需要复制的通道，按住鼠标不放，将其拖曳到"通道"面板下方的■按钮上，释放鼠标，即可查看新复制的通道。

◈ 通过右键菜单复制：在需要复制的通道上单击鼠标右键，在弹出的快捷菜单中选择"复制通道"命令，完成复制操作。

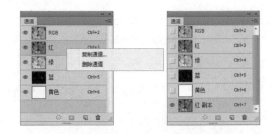

2. 删除通道

当图像中的通道过多时，会影响图像文件的大小。此时可将多余通道删除，Photoshop 主要提供了 3 种删除通道的方法，下面分别进行讲解。

◈ 通过鼠标拖曳删除：打开"通道"面板，在通道信息栏中选择需要删除的通道，按住鼠标左键不放，将其拖曳到"通道"面板下方的■按钮上，释放鼠标完成删除操作。

◈ 通过右键菜单删除：在需要删除的通道名称上单击鼠标右键，在弹出的快捷菜单中选择"删除通道"命令，完成删除操作。

◈ 通过删除按钮删除：选择需要删除的通道，再单击删除■按钮，删除通道。

9.1.6 分离和合并通道

在使用 Photoshop CS6 编辑图像时，除了复制和删除通道外，还需要将图像文件中的各通道分开单独进行编辑，编辑完成后又需要将分离的通道进行合并，以制作出奇特的效果。下面讲解分离和合并通道的方法。

1. 分离通道

图像的颜色模式直接影响通道分离出的文件个数，如 RGB 颜色模式的图像会分离出 3 个独立的灰度文件，CMYK 会分离出 4 个独立的文件。被分离出的文件分别保存了原文件各颜色通道的信息。分离通道的方法为：打开需要分离通道的图像文件，在"通道"面板右上角单击■按钮，在打开的下拉列表中选择"分离通道"选项，此时 Photoshop 将立刻对通道进行分离操作。

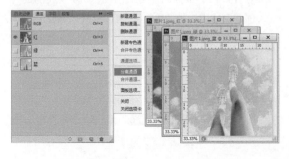

2. 合并通道

分离的通道以灰度模式显示，无法正常使用，当需使用时，可将分离的通道进行合并显示。合并通道的方法为：打开当前图像窗口中的"通道"面板，在右上角单击■按钮，在打开的下拉列表中选择"合并通道"选项。此时将打开"合并通道"对话框，在"模式"下拉列表框中选择颜色选项，单击"确定"按钮。打开"合并 RGB 通道"对话框，保持指定通道的默认设置，单击"确定"按钮。

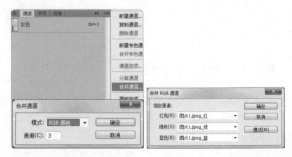

9.1.7 实战案例——使用通道调整数码照片

使用通道调整图片颜色也是 Photoshop 中常用的图像色调调整方法，常用于处理特殊的色调。除此之外，通道具有对人物进行磨皮处理的功能。本例将使用通道调整数码照片的颜色，并使用分离通道和合并通道的方法调整图像色调，然后通过"计算"命令对人物进行磨皮处理，使皮肤光滑。

微课：使用通道调整数码照片

素材：光盘\素材\第 9 章\数码照片 .jpg

效果：光盘\效果\第 9 章\调整数码照片 .jpg

STEP 1 **打开"通道"面板**

打开"数码照片 .jpg"图像，选择【窗口】/【通道】命令，打开"通道"面板。

STEP 2 **选择"新建专色通道"选项**

❶单击"通道"面板右上角的 ▪≡ 按钮；❷在打开的下拉列表中选择"新建专色通道"选项。

STEP 3 **设置专色通道属性**

❶在打开的"新建专色通道"对话框中单击"颜色"色块；❷在打开的"拾色器（专色）"对话框最下方的"#"文本框中输入"ffde02"；❸单击"确定"按钮。

STEP 4 **完成新建**

❶返回"新建专色通道"对话框，在"名称"文本框中输入名称为"黄色"；❷单击"确定"按钮完成设置；❸此时"通道"面板的最下方将出现一个名为"黄色"的通道。

STEP 5 **选择"分离通道"选项**

❶打开"通道"面板，单击"通道"面板右上角的 ▪≡ 按钮；❷在打开的下拉列表中选择"分离通道"选项。

技巧秒杀

专色通道显示为白色的原因

由于专色通道是针对印刷使用，所以在屏幕上显示时变化不大，但在实际印刷时则会产生差异。

PART 09

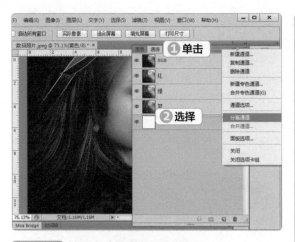

STEP 6　查看各个通道的显示效果

此时图像将按每个颜色通道进行分离，且每个通道分别以单独的图像窗口显示。

STEP 7　打开"曲线"对话框

切换到"数码照片.jpeg 红"图像窗口，选择【图像】/【调整】/【曲线】命令，打开"曲线"对话框。

STEP 8　设置曲线参数

❶在曲线上单击添加控制点，然后拖曳曲线弧度调整曲线，这里直接在"输出"和"输入"数值框中输入"42"和"55"；❷单击"确定"按钮。

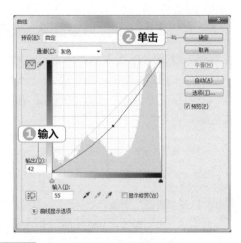

STEP 9　查看调整后的图像效果

此时可发现"数码照片.jpeg 红"图像窗口中的图像越发白皙。

STEP 10　设置色阶参数

❶将当前图像窗口切换到"数码照片.jpeg 绿"图像窗口，选择【图像】/【调整】/【色阶】命令，打开"色阶"对话框，在其中拖曳滑块调整颜色，或是在下方的数值框中分别输入"3""1.06"和"222"；❷单击"确定"按钮。

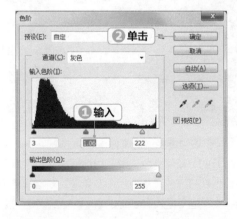

STEP 11 设置"数码照片 .jpeg 蓝"的曲线参数

❶将当前图像窗口切换到"数码照片 .jpeg 蓝"图像窗口，打开"曲线"对话框，在其中拖曳曲线调整颜色；❷单击"确定"按钮。

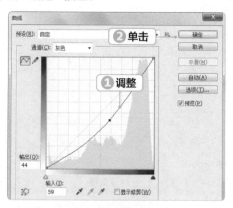

STEP 12 查看调整后的图像效果

此时可发现"数码照片 .jpeg 蓝"和"数码照片 .jpeg 绿"图像已发生变化。

STEP 13 选择"合并通道"选项

打开当前图像窗口中的"通道"面板，在右上角单击 ≣ 按钮，在打开的下拉列表中选择"合并通道"选项。

STEP 14 选择合并通道颜色模式

❶打开"合并通道"对话框，在"模式"下拉列表框

中选择"RGB 颜色"选项；❷单击"确定"按钮。

STEP 15 设置合并通道

打开"合并 RGB 通道"对话框，保持指定通道的默认设置，单击"确定"按钮。

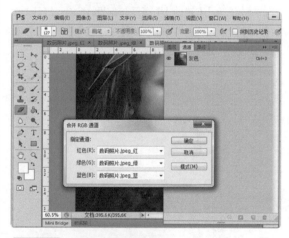

STEP 16 查看完成后的效果

返回图像编辑窗口即可发现合并通道后的图像效果已发生变化。

PART 09

STEP 17 复制"绿"通道

❶切换到"通道"面板，在其中选择"绿"通道；❷将其拖曳到面板底部的"新建通道"按钮上，复制通道。

STEP 18 设置高反差保留

❶选择【滤镜】/【其他】/【高反差保留】命令，打开"高反差保留"对话框，在其中设置"半径"为"40"像素；❷单击"确定"按钮。

STEP 19 查看高反差保留后的效果

返回图像编辑窗口查看高反差保留后的效果。

STEP 20 设置计算参数

❶选择【图像】/【计算】命令，打开"计算"对话框，在其中设置"混合"为"强光"；❷选择结果为"新建通道"；❸单击"确定"按钮，新建的通道将自动命名为"Alpha 1"通道。

技巧秒杀

"结果"下拉列表的作用

在该下拉列表中可选择一种计算结果的生成方式。选择"文档"选项，可生成一个新的黑白图像；选择"新建通道"选项，可将计算结果应用到新的通道中；选择"选区"选项，可生成一个新的选区。

STEP 21 继续计算通道

利用相同的方法执行两次"计算"命令，强化色点，得到"Alpha 3"通道，在强化过程中随着计算的次数增多，其对应的人物颜色也随之加深。

STEP 22 载入选区

❶单击"通道"面板底部的"将通道作为选区载入"按钮，载入选区；❷此时人物的画面中将出现蚂蚁状的选区。

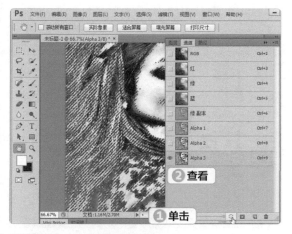

STEP 23 观察图像变化效果

按【Ctrl+2】组合键返回彩色图像编辑状态，按【Ctrl+Shift+I】组合键反选选区，然后按【Ctrl+H】组合键快速隐藏选区，以便于更好地观察图像变化。

STEP 24 创建曲线调整图层

打开"调整"面板，在其中单击"曲线"按钮，创建曲线调整图层。

STEP 25 调整曲线

❶在打开的"曲线"面板中单击曲线，创建控制点，向上拖曳控制点调整亮度；❷在曲线下方单击创建控制点，向下拖曳调整暗部。

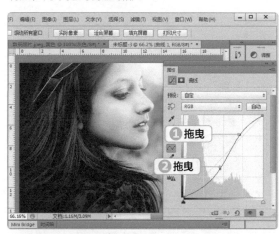

STEP 26 盖印图层

❶按【Ctrl+Shift+Alt+E】组合键盖印图层，设置图层混合模式为"滤色"；❷设置图层不透明度为"40"，此时图像的亮度将提升，而且人物的肤色将更加光滑。

STEP 27 查看调整后的效果

返回图像编辑窗口，即可查看完成后的效果，并且发现人物的颜色过浅，但是头部颜色需要加深。

STEP 28 填充蒙版

❶在"图层"面板底部单击"添加蒙版"按钮，为图层添加一个图层蒙版；❷使用渐变工具对蒙版进行由白色到黑色的线性渐变填充。

STEP 29 设置色阶参数

❶打开"调整"面板，在其中单击"色阶"按钮，打开"色阶"面板；❷设置色阶的参数为"26""0.94""255"。

技巧秒杀

通道调色的注意事项

在使用通道调整意境和皮肤时，要先确定主色调，不要只是单纯的对通道进行调整，而要注意哪种颜色需浅，哪种颜色需深，这样才能调整出完美的图像。

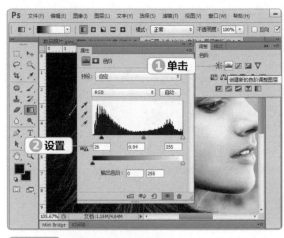

STEP 30 查看完成后的效果

返回图像编辑窗口，即可查看完成后的效果，完成后将其以"调整数码照片.jpg"为名进行保存。

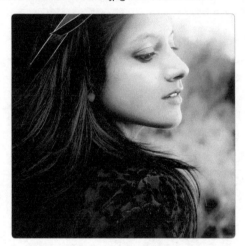

9.2 使用蒙版

蒙版是 Photoshop 中用于制作图像特效的工具，它可以保护图像的选择区域，并将部分图像处理成透明或半透明效果，在图像合成中应用最为广泛。下面进行具体讲解。

9.2.1 蒙版的分类

Photoshop 为用户提供了 4 种蒙版，用户在编辑时可根据情况进行选择。这 4 种蒙版的作用如下。

🔹 **快速蒙版**：快速蒙版可以在编辑的图像上暂时产生蒙版效果，常用于进行选区的创建。

🔹 **剪贴蒙版**：可使用一个对象的形状来控制其他图层的显示范围。

🔹 **矢量蒙版**：矢量蒙版是通过路径和矢量形状来控制图像的显示区域。

🔹 **图层蒙版**：图层蒙版是通过控制蒙版中的灰度信息来控制图像的显示区域，常用于图像的合成。

9.2.2 认识"蒙版"面板

用户在创建矢量蒙版和图层蒙版时，选择【窗口】/【属性】命令，即可打开"属性"面板。

蒙版"属性"面板中各选项作用如下。

🔹 **选择的蒙版**：用于显示当前选择的蒙版。

🔹 **添加像素蒙版**：单击回按钮，可以为当前图层添加一个像素蒙版。

🔹 **添加矢量蒙版**：单击口按钮，可以为当前图层添加一个矢量蒙版。

🔹 **浓度**：用于控制蒙版的透明度，可以影响蒙版的遮罩效果。

🔹 **羽化**：用于控制蒙版边缘的柔化程度。数值越大，柔化效果越强。

🔹 **蒙版边缘**：单击"蒙版边缘"按钮，可以打开"调整蒙版"对话框，在其中可以对蒙版边缘进行修改。其操作设置方法与"调整边缘"对话框相同。

🔹 **颜色范围**：单击"颜色范围"按钮，将打开"颜色范围"对话框。在该对话框中可通过修改颜色容差来调整蒙版边缘的位置。

🔹 **从蒙版中载入选区**：单击█按钮，可以从蒙版中生成选区。

🔹 **应用蒙版**：单击◈按钮，可以将蒙版应用到图像中，并删除蒙版以及被蒙版遮盖的区域。

🔹 **停用/启用蒙版**：单击◉按钮，可以停用或启用蒙版。停用蒙版后，"图层"面板中的蒙版缩略图将出现✕。

🔹 **删除蒙版**：单击█按钮，可以删除当前选择的蒙版。

9.2.3 创建快速蒙版

微课：创建快速蒙版

快速蒙版是用于转换选区的工具，通过快速蒙版，用户可以使用画笔工具、滤镜、钢笔工具对选区进行编辑，让编辑选区变得更加自由，制作出的图像效果也更加有创意。下面将打开"荷兰.jpg"图像，进入快速蒙版，使用画笔工具绘制蒙版，并使用滤镜编辑蒙版，最后填充图像。

素材：光盘\素材\第9章\荷兰.jpg	
效果：光盘\效果\第9章\荷兰.psd	

STEP 1 选择首字下沉选项

❶打开"荷兰.jpg"图像，按【Ctrl+J】组合键复制图层，选择画笔工具；❷在工具属性栏中设置"画笔大小、样式"分别为"300、柔边圆"；❸在工具箱中单击回按钮，或按【Q】键进入快速蒙版编辑状态；❹将前景色设置为黑色，使用画笔工具，在图像上进行涂抹，查看涂抹后的效果。

STEP 2 使用喷色描边滤镜

❶选择【滤镜】/【滤镜库】命令，打开"滤镜库"对话框，在中间的选项栏中选择"画笔描边"选项下的"喷色描边"选项；❷设置"描边长度、喷色半径"分别为"12、19"；❸单击"确定"按钮。

STEP 3 使用纹理化滤镜

❶选择【滤镜】/【滤镜库】命令，打开"滤镜库"对话框，在中间的选项栏中选择"纹理"选项下的"纹理化"选项；❷设置"缩放、凸现"分别为"100%、8"；❸单击"确定"按钮。

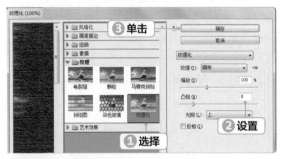

STEP 4 查看蒙版效果

按【Q】键退出快速蒙版编辑状态，查看选区效果。

STEP 5 填充选区

按【Ctrl+Delete】组合键使用白色填充选区，再按【Ctrl+D】组合键取消选区。

STEP 6 绘制矩形

使用矩形工具在图像右上角绘制两个矩形，并使用"#e5e5e5"进行填充，查看绘制后的效果。

STEP 7 输入文字并查看完成后的效果

使用文字工具在图像上输入文字，并设置英文字体为"Impact"；中文字体为"黑体"。调整文字大小并对完成后的效果进行保存，完成后查看效果。

9.2.4 创建剪贴蒙版

　　剪贴蒙版由基底图层和内容图层组成，其中内容图层位于基底图层上方。基底图层用于限制图层的最终形式，而内容图层则用于限制最终图像显示的图案。下面打开"背景.jpg"图像，使用工具在图像上绘制选区并填充选区；再打开"人物.jpg"图像，将"人物"图像移动到"背景"图像中，创建剪贴蒙版。其具体操作步骤如下。

微课：创建剪贴蒙版

素材：光盘 \ 素材 \ 第 9 章 \ 相框 \

效果：光盘 \ 效果 \ 第 9 章 \ 人物相框 .psd

STEP 1　绘制矩形

❶打开"背景 .jpg"图像，在工具箱中选择矩形工具；❷图像上绘制一个颜色为"fff710"的矩形；❸打开"图层"面板，将图层混合模式设置为"线性减淡（添加）"。

STEP 2　绘制选区

新建图层，选择多边形套索工具，使用鼠标在图像上绘制一个选区。

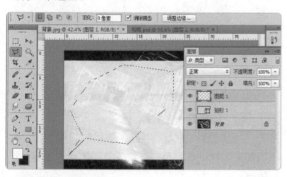

STEP 3　填充选区

将前景色设置为"#e00f8a"，按【Alt+Delete】组合键填充前景色，完成后按【Ctrl+D】组合键，取消选区。

STEP 4　创建剪贴蒙版

❶打开"人物 .jpg"图像，使用移动工具将"人物"图像移动到"背景"图像中，将图像放大后放置在图像左边；❷选择"图层 2"图层，在其上单击鼠标右键，在弹出的快捷菜单中选择"创建剪贴蒙版"命令创建剪贴蒙版。

STEP 5　设置描边参数

选择"图层 1"图层，再选择【图层】/【图层样式】/【描边】命令。打开"图层样式"对话框，设置"大小、颜色"为"6、#e00f8a"。

STEP 6　设置投影参数

❶单击选中"投影"复选框；❷设置"角度、距离、扩展、大小"为"115、5、0、32"；❸单击"确定"按钮。

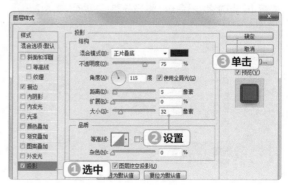

177

STEP 7 输入文字

选择横排文字工具，使用鼠标在图像上单击，输入文字，并设置中文字体为"汉仪哈哈体简"，英文字体为"Brush Script MT"。按【Ctrl+T】组合键，调整字体大小，并旋转文字。最后将"18"设置为红色，保存图像查看完成后的效果。

9.2.5 创建矢量蒙版

矢量蒙版也是较为常用的一种蒙版，它可以在用户创建的路径上将其转换为矢量蒙版。下面打开"家居画.jpg"图像，使用魔法棒工具抠取相框的中间部分，并使用矢量蒙版将风景图片添加到抠取的部分中。其具体操作步骤如下。

微课：创建矢量蒙版

素材：光盘\素材\第9章\家居画\

效果：光盘\效果\第9章\家居画.psd

STEP 1 移动图片并设置不透明度

❶打开"家居画.jpg"和"风景图片1.jpg"图像，使用移动工具将"风景图片"移动到"家居画"图像中，并调整图片大小使其与画框中大的矩形对齐；❷完成后设置不透明度为"50%"。

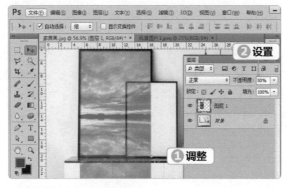

STEP 2 创建矢量蒙版

❶在工具箱中选择钢笔工具；❷沿着画框的轮廓绘制路径，将风景画包裹在路径中，选择【图层】/【矢量蒙版】/【当前路径】命令，将当前路径转换为矢量蒙版。

STEP 3 查看效果

返回图像编辑区，将不透明度设置为"100%"，即可查看添加矢量蒙版后的效果。

STEP 4 添加另一张图片

打开"风景图片2.jpg"图像，使用相同的方法，对小的矩形画框创建矢量蒙版，保存图像并查看完成后的效果。

9.2.6 使用图层蒙版

微课：使用图层蒙版

图层蒙版是指遮盖在图层上的一层灰度遮罩，通过使用不同的灰度级别进行涂抹，以设置其透明程度。图层主要用于合成图像，在创建调整图层、填充图层、智能滤镜时，Photoshop 也会自动为其添加图层蒙版，以控制颜色和滤镜范围。使用图层蒙版的具体操作如下。

| 素材：光盘＼素材＼第 9 章＼花朵 1.jpg、花 2.jpg |
| 效果：光盘＼效果＼第 9 章＼使用图层蒙版 .psd |

STEP 1 创建添加图层蒙版的选区

打开"花朵 1.jpg"和"花 2.jpg"两幅图像，将其中一幅图片拖入另一幅图片中，在图像中创建选区。

STEP 3 编辑图层蒙版

创建图层蒙版后，单击选择图层蒙版缩览图，进入蒙版编辑状态；若需要增加或减少图像的显示区域，可通过画笔等图像绘制工具涂抹来完成。其中，白色表示该图层可显示的区域，黑色表示不显示的区域，灰色表示半透明区域。

STEP 2 创建图层蒙版

在"图层"面板中单击"添加图层蒙版"按钮或选择【图层】/【图层蒙版】/【显示选区】命令，可以为选区以外的图像部分添加蒙版。如果图像中没有选区，单击按钮可以为整个画面添加蒙版。

技巧秒杀

创建图层蒙版的其他方法

选择【图层】/【图层蒙版】/【隐藏全部】命令，可创建隐藏图层内容的黑色蒙版。

9.2.7 实战案例——合成童话天空城堡场景

微课：合成童话天空城堡场景

童话场景常用于电影中，不同的电影有不同的标志性场景，在合成该类场景时，要注意城堡、云朵、树木等素材的和谐性。本例将使用图层蒙版、剪贴蒙版等，合成童话天空城堡场景，并对场景进行调色，使其表现得更加梦幻。其具体操作步骤如下。

| 素材：光盘＼素材＼第 9 章＼童话天空城堡＼ |
| 效果：光盘＼效果＼第 9 章＼童话天空城堡 .psd |

STEP 1 解除图层锁定

❶打开"天空（1）.jpg"图像文件，在"图层"面板上双击背景图层；❷打开"新建图层"对话框，单击"确定"按钮，解除背景图层的图层锁定。

STEP 2 拉升画布

在工具箱中选择裁剪工具，在图像编辑区将画布向上拉升，使上面形成一个空白区域，确认裁剪。选择【编辑】/【内容识别比例】命令，把"天空"图像拉到和画布齐高。

STEP 3 水平翻转图像

打开"天空（2）.jpg"图像文件，将其拖入"天空（1）"图像中，并按【Ctrl+T】组合键，在"天空（2）"图像上单击鼠标右键，在弹出的快捷菜单中选择"水平翻转"命令，将其水平翻转，并调整图像位置。

STEP 4 创建图层蒙版

❶在"图层"面板中单击 按钮，建立图层蒙版；❷选择画笔工具；❸在工具属性栏中设置"画笔大小、样式"分别为"150、柔边圆"；❹将前景色设置为黑色，使用画笔工具，在图像上进行涂抹，查看涂抹后的效果。

STEP 5 删除图层蒙版

按【Ctrl+J】组合键复制图层，并在图层蒙版上单击鼠标右键，在弹出的快捷菜单中选择"删除图层蒙版"命令。将复制的图层往下放置，使云铺满绿色的地面。

STEP 6 云朵叠加效果

使用相同的方法，再次对复制的图层创建蒙版，并使用画笔擦除多余的云层，查看云朵叠加后的效果。

STEP 7 翻转背景照片

选中背景照片，使用矩形选区工具，选中照片的底部，按【Ctrl+J】组合键复制一层，并对复制后的图层进行水平翻转，查看翻转后的效果。

PART 09

STEP 8　添加黑色云海

❶打开"天空（3）.jpg"图像文件，将其拖入"天空（1）图像中，并改变"天空（3）"图像大小，将其放置在左上角，添加图层蒙版，使黑色的树林与天空的云海相结合；❷设置"图层混合模式"为"叠加"。

STEP 9　调整色阶

在"调整"面板中单击 按钮，打开"色阶"面板，设置色阶调整值分别为"18、1.10、255"，查看调整色阶后的效果。

STEP 10　添加快速蒙版

❶新建图层并选择画笔工具；❷在工具属性栏中设置"画笔大小、样式"分别为"442、柔边圆"；❸在工具箱中单击 按钮，进入快速蒙版编辑状态；❹将前景色设置为黑色，使用画笔工具，在图像上进行涂抹，查看涂抹后的效果。

STEP 11　添加光晕

❶按【Q】键退出快速蒙版编辑状态，再按【Ctrl+Alt+I】组合键反选图像，并将选区填充为"#f79c1a"颜色；❷在"图层"面板中设置不透明度为"30%"。

STEP 12　擦除云海中多余部分

按【Ctrl+D】组合键取消选区，并在工具箱中选择橡皮擦工具，擦除多余的黄色，使云海过渡更加自然。

STEP 13　添加城堡

打开"城堡.jpg"图像文件，改变其大小，并将其放置在图像右上角。添加图层蒙版并使用画笔工具，擦除城堡的底部和顶部，使城堡与云海结合，让城堡形成一种缥缈的感觉。

PART 09

STEP 14 调整曲线和色相 / 饱和度

在"调整"面板中单击 按钮，打开"曲线"面板，在中间区域添加调整点，调整图像颜色。在"调整"面板中单击 按钮，打开"色相/饱和度"面板，设置"色相、饱和度、明度"分别为"0、0、+21"。

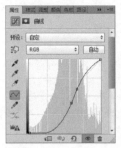

STEP 15 调整色彩平衡

在"调整"面板中单击 按钮，打开"色彩平衡"面板，设置"青色、洋红、黄色"分别为"+11、0、−12"。

STEP 16 添加人物

打开"小孩 .psd"图像文件，将小孩和狗拖到图像编辑区中，按住【Alt】键不放复制小孩图层，并按【Ctrl+T】组合键对小孩图像进行变形操作。完成后在其上单击鼠标右键，在弹出的快捷菜单中选择"垂直翻转"命令。

STEP 17 制作投影效果

再次单击鼠标右键，在弹出的快捷菜单中选择"倾斜"命令，调整倾斜的点，制作投影效果。完成后将复制的图层放于人物图层的下方，即可查看投影效果。

STEP 18 设置图层样式

❶选择【图层】/【图层样式】/【颜色叠加】命令，打开"图层颜色"对话框，将颜色设置为"黑色"；❷单击"确定"按钮。

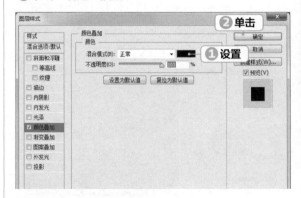

STEP 19 查看投影效果

返回图像编辑区可发现投影已经变为黑色，此时打开"图层"面板，设置不透明度为"30%"，并使用橡皮擦工具擦除投影中过渡不完美的部分，让投影变得更加真实。

STEP 20 添加渐变效果

❶新建图层，在工具箱中选择多边形套索工具，在图像右侧云朵和人物部分绘制选区；❷选择渐变工具；❸在工具属性栏中设置"渐变颜色"为"#267ecf 到透明"渐变；❹单击█按钮，在选区中添加渐变效果。

操作解谜

添加蓝色渐变的原因

本例中主体颜色多为黄色，而人物的上身裙则为深蓝色，与本例的主体色有冲突。而使用选区添加深蓝色，则可使两者变得和谐，不但添加了立体感，而且使画面变得更加有意境。

STEP 21 擦除选区多余部分

使用橡皮擦工具擦除选区多余部分，使添加的蓝色与云朵和人物的衣服变得融洽，按【Ctrl+D】组合键取消选区，并查看添加渐变后的效果。

STEP 22 查看完成后的场景效果

打开"图片 3.psd"图像文件，将飞鸟拖到图像中，调整图像位置和大小。完成后打开"文字 .psd"图像文件，将其拖到图像右侧，保存图像即可查看添加文字后的场景效果。

9.3 使用滤镜制作特效图像

滤镜是 Photosho CS6 中使用非常频繁的功能之一，通过滤镜的使用，可以帮助用户制作油画效果、扭曲效果、马赛克效果和浮雕等艺术性很强的专业图像效果。本节将对滤镜的常用操作进行介绍，读者通过本节的学习能够熟练掌握各种滤镜的使用方法，并能熟练结合多个滤镜制作特效图像的效果。

9.3.1 滤镜的基本知识

在使用滤镜处理图像前，首先需要对滤镜进行一定的了解。下面详细讲解使用滤镜时需要注意的问题，以及滤镜的一般使用方法。

1. 使用滤镜需要注意的问题

Photoshop CS6 滤镜的种类繁多，使用不同的滤镜功能可产生不同的图像效果。但滤镜功能也存在以下局限性。

🔷 它不能应用于位图模式、索引颜色、16 位 / 通道图像。某些滤镜功能只能用于 RGB 图像模式，而不能用于 CMYK 图像模式，用户可通过"模式"命令将其他模式转换为 RGB 模式。

🔷 滤镜是以像素为单位对图像进行处理的。因此，在对不同像素的图像应用相同参数的滤镜时，所产生的效果也会不同。

- 对分辨率较高的图像文件应用某些滤镜功能时，会占用较多的内存空间，造成计算机的运行速度减慢。
- 在对图像的某一部分应用滤镜效果时，可先羽化选区的图像边缘，使其过渡平滑。
- 在对滤镜进行学习时，不能孤立地看待某一种滤镜效果，应针对滤镜的功能特征进行剖析，以达到真正认识滤镜的目的。

2. 滤镜的一般使用方法

在 Photoshop CS6 中，选择"滤镜"菜单将打开"滤镜"菜单项，该菜单提供了多个滤镜组，滤镜组中还包含了多种不同的滤镜效果。各种滤镜的使用方法基本相同，只需打开需要处理的图像窗口，再选择"滤镜"菜单下相应的滤镜命令，在打开的参数设置对话框中，将各个选项设置为适当的参数后，单击"确定"按钮即可。

9.3.2 使用独立滤镜

Photoshop CS6 提供了滤镜库、液化、油画、消失点、自适应广角、镜头矫正等几个常用滤镜。通过对它们进行学习，读者可以为以后熟练运用滤镜打下更牢固的基础。下面将分别介绍常用滤镜具体的设置与应用方法。

1. 认识滤镜库

Photoshop CS6 中的滤镜库整合了"扭曲""画笔描边""素描""纹理""艺术效果""风格化"6 种滤镜功能。通过该滤镜库，可对图像应用这 6 种滤镜效果。

打开一张图片，选择【滤镜】/【滤镜库】命令，即可打开"滤镜库"对话框。

2. 液化滤镜

使用液化滤镜可以对图像的任意部分进行各种类似液化效果的变形处理，如收缩、膨胀、旋转等，多用于人物修身。在液化过程中，用户可以对各种效果程度进行随意控制。使用液化滤镜是修饰图像和创建艺术效果的有效方法。选择【滤镜】/【液化】命令，即可打开"液化"对话框。

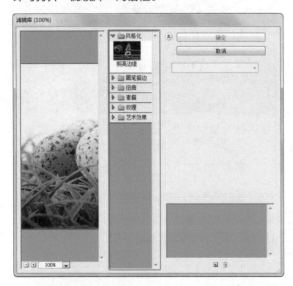

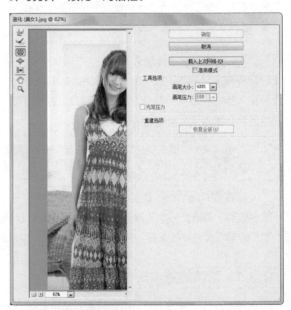

其中相关参数的作用如下。

- 在展开的滤镜效果中，单击其中一个效果命令，可以在左边的预览框中查看应用该滤镜后的效果。
- 单击对话框右下角的"新建效果图层"按钮，可以新建一个效果图层。单击"删除效果图层"按钮，可以删除效果图层。
- 在对话框中单击 按钮，可以隐藏效果选项，从而增加预览框中的视图范围。

其中主要选项的含义如下。

- 向前变形工具：该工具可使被涂抹区域内的图像产生向前位移的效果。
- 重建工具：在液化变形后的图像上涂抹，可将图像中的变形效果还原为原图像。
- 褶皱工具：此工具可以使图像产生向内压缩变

形的效果。

🔹 膨胀工具 ◈：此工具可以使图像产生向外膨胀放大的效果。

🔹 左推工具 ▨：此工具可以使图像中的像素发生位移的变形效果。

🔹 抓手工具 ✋：单击该按钮，可在预览窗口中抓取图像，以查看图像显示区域。

🔹 缩放工具 🔍：单击该按钮，在图像预览窗口上单击鼠标，可放大/缩小图像显示区域。

🔹 "工具选项"栏："画笔大小"数值框用于设置扭曲图像的画笔的宽度；"画笔压力"数值框用于设置画笔在图像上产生的扭曲速度，较低的压力可减慢更改速度，易于对变形效果进行控制。

🔹 "恢复全部"按钮：设置效果后，单击该按钮，可恢复原图。

🔹 "高级模式"复选框：单击选中该复选框，将激活更多液化选项设置，如顺时针旋转扭曲工具、冻结蒙版工具和解冻蒙版工具，以及右侧的工具选项、重建选项、显示图像、显示蒙版和显示背景等都能进行更丰富的设置。若不需要这些设置，则可撤销选中该复选框，恢复到简单模式。

3. 油画滤镜

　　油画滤镜可以将普通的图像效果转换为手绘油画效果，通常用于制作风格画。通过选择【滤镜】/【油画】命令，打开"油画"对话框，在对话框中设置参数制作油画效果。

　　"油画"对话框中各选项的作用如下。

🔹 样式化：用于设置笔触样式。

🔹 清洁度：用于设置纹理的柔化程度。

🔹 缩放：用于设置纹理的缩放效果。

🔹 硬毛刷细节：用于设置画笔细节的丰富程度，数值越高，毛刷纹理越清晰。

🔹 角方向：用于设置光线的照射角度。

🔹 闪亮：可以提高纹理的清晰度，产生弱化效果，数值越高纹理越明显。

4. 消失点滤镜

　　使用消失点滤镜，可以在极短的时间内达到令人称奇的效果。在消失点滤镜工具选择的图像区域内进行克隆、喷绘、粘贴图像等操作时，操作会自动应用透视原理，按照透视的角度和比例来适应图像的修改，从而大大节约制作时间。选择【滤镜】/【消失点】命令或按【Ctrl+Shift+V】组合键，打开"消失点"对话框。

　　其中各工具的含义如下。

🔹 编辑平面工具 ▶：单击该工具按钮，可以选择、编辑网格。

🔹 创建平面工具 ▦：单击该工具按钮，可从现有的平面伸展出垂直的网格。

🔹 选框工具 ▢：单击该工具按钮，可移动粘贴的图像。

🔹 图章工具 ▲：单击该工具按钮，可产生与仿制图章工具相同的效果。

🔹 画笔工具 ✏：单击该工具按钮，可对图像使用画笔功能绘制图像。

🔹 变换工具 ▦：单击该工具按钮，可对网格区域的图像进行变换操作。

🔹 吸管工具 ✒：单击该工具按钮，可设置绘图的颜色。

◈ 测量工具 <u>━━</u>：单击该工具按钮，可查看两点间的距离。

5. 自适应广角滤镜

自适应广角滤镜能对图像的范围进行调整，使图像得到类似使用不同镜头拍摄的视觉效果。通过选择【滤镜】/【自适应广角】命令，打开"自适应广角"对话框。

"自适应广角"对话框中各选项的作用如下。

◈ 校正：用于选择校正的类型。

◈ 缩放：用于设置图像的缩放情况。

◈ 焦距：用于设置图像的焦距情况。

◈ 裁剪因子：用于设置需进行裁剪的像素。

◈ 约束工具：单击 ▶ 按钮，再使用鼠标在图像上单击或拖曳设置线性约束。

◈ 多边形约束工具：单击 ◇ 按钮，再使用鼠标在图像上单击，设置多边形约束。

◈ 移动工具：单击 ▶+ 按钮，拖曳鼠标可移动图像内容。

◈ 抓手工具：单击 ✋ 按钮，放大图像后可移动显示区域。

◈ 缩放工具：单击 🔍 按钮，单击图像即可缩放显示比例。

6. 镜头较正滤镜

使用相机拍摄照片时可能因为一些外在因素造成如镜头失真、晕影、色差等情况。这时可通过镜头校正滤镜对图像进行校正，修复因为镜头的关系而出现的问题。通过选择【滤镜】/【镜头校正】命令，打开"镜头校正"对话框，在其中可设置矫正参数。

"镜头矫正"对话框中各选项作用如下。

◈ 移去扭曲工具：单击 🔲 按钮，使用鼠标拖曳图像可校正镜头的失真。

◈ 几何扭曲：用于配合"移去扭曲"工具校正镜头失真。当数值为负值时，图像将向外扭曲；当数值为正值时，图像将向内扭曲。

◈ 拉直工具：单击 🔲 按钮，使用鼠标拖曳绘制一条直线，可将图像拉直到新的横轴或纵轴。

◈ 移动网格工具：单击 🔲 按钮，使用鼠标可移动网格，使网格和图像对齐。

◈ 色差：用于校正图像的色边。

◈ 晕影：用于校正因为拍摄原因产生边缘较暗的图像。其中"数量"选项用于设置沿图像边缘变亮或变暗的程度，"中点"选项用于控制校正的范围区域。

◈ 变换：用于校正相机向上或向下出现的透视问题。设置"垂直透视"为"-100"时图像将变为俯视效果；设置"水平透视"为"100"时图像将变为仰视效果。"角度"选项用于旋转图像，可校正相机的倾斜。"比例"选项用于控制镜头校正的比例。

9.3.3 使用滤镜组

Photoshop CS6 的滤镜菜单提供了多个滤镜组，单击每一个滤镜组，可在其子菜单中选择该滤镜组中相关的具体滤镜。下面主要介绍滤镜组中各项命令的具体操作。用户可以通过应用滤镜为图像添加各种各样的特殊图像效果，从而创造出各种具有特殊效果的图像。

1. "风格化"滤镜组

"风格化"滤镜组能对图像的像素进行位移、拼贴及反色等操作。"风格化"滤镜组包括滤镜库中的"照亮边缘"效果，以及选择【滤镜】/【风格化】命令后，在打开的子菜单中包括的 8 种滤镜，如"查找边缘""等高线""风""浮雕效果""扩散""拼贴""曝光过度"和"凸出"滤镜。

- **查找边缘**："查找边缘"滤镜可以查找图像中主色块颜色变化的区域，并为查找到的边缘轮廓描边，使图像看起来像用笔刷勾勒的轮廓一样。该滤镜无参数对话框。

- **等高线**："等高线"滤镜可以沿图像的亮部区域和暗部区域的边界，绘制出颜色比较浅的线条效果。

- **风**："风"滤镜一般在文字中应用产生的效果比较明显，它可以将图像的边缘以一个方向为准向外移动远近不同的距离，实现类似风吹的效果。

- **浮雕效果**："浮雕效果"滤镜可以将图像中颜色较亮的图像分离出来，再将周围的颜色降低生成浮雕效果。

- **扩散**："扩散"滤镜可以使图像产生看起来像透过磨砂玻璃一样的模糊效果。

- **拼贴**："拼贴"滤镜可以根据对话框中设定的值将图像分成许多小贴块，看上去整幅图像像画在方块瓷砖上。

- **曝光过度**："曝光过度"滤镜可以使图像的正片和负片混合产生类似于摄影中增加光线强度产生的过度曝光的效果。该滤镜无参数对话框。

- **凸出**："凸出"滤镜可以将图像分成数量不等、大小相同并有序叠放的立体方块，用来制作图像的三维背景。

- **照亮边缘**："照亮边缘"滤镜可以将图像边缘轮廓照亮，其效果与查找边缘滤镜很相似。选择【滤镜】/【滤镜库】命令，在打开的对话框中选择"风格化"滤镜组下的"照亮边缘"选项。

2. "画笔描边"滤镜组

"画笔描边"滤镜组用于模拟不同的画笔或油墨笔刷来勾画图像，产生绘画效果。选择【滤镜】/【滤镜库】命令，打开"滤镜库"对话框。在打开的"滤镜库"对话框中选择相应的滤镜项即可进行设置。

- **成角的线条**："成角的线条"滤镜可以使图像中的颜色按一定的方向进行流动，从而产生类似倾斜划痕的效果。

- **墨水轮廓**："墨水轮廓"滤镜模拟使用纤细的线条在图像原细节上重绘图像，从而生成钢笔画风格的图像效果。

- **喷溅**："喷溅"滤镜可以使图像产生类似笔墨喷溅的自然效果。

- **喷色描边**："喷色描边"滤镜和"喷溅"滤镜效果比较类似，可以使图像产生斜纹飞溅的效果。

- **强化的边缘**："强化的边缘"滤镜可以对图像的边缘进行强化处理。

- **深色线条**："深色线条"滤镜将使用短而密的线条来绘制图像的深色区域，用长而白的线条来绘制图像的浅色区域。

- **烟灰墨**："烟灰墨"滤镜模拟使用蘸满黑色油墨的湿画笔在宣纸上绘画的效果。

- **阴影线**："阴影线"滤镜可以使图像表面生成交叉状倾斜划痕的效果。其中"强度"数值框用来控制交叉划痕的强度。

3. "模糊"滤镜组

"模糊"滤镜组通过削弱图像中相邻像素的对比度，使相邻的像素产生平滑过渡效果，从而产生边缘柔和、模糊的效果。"模糊"滤镜组共 14 种滤镜，它们按模糊方式不同对图像起到不同的效果。使用时只需选择【滤镜】/【模糊】命令，在打开的子菜单中选择相应的子命令即可。下面分别对这些命令进行介绍。

- **场景模糊**："场景模糊"滤镜可以使画面不同区域呈现不同模糊程度的效果。

- **光圈模糊**："光圈模糊"滤镜可以将一个或多个焦

点添加到图像中，用户可以对焦点的大小、形状，以及焦点区域外的模糊数量和清晰度等进行设置。

📦 倾斜偏移："倾斜偏移"滤镜可用于模拟相机拍摄的移轴效果，其效果类似于微缩模型。

📦 表面模糊："表面模糊"滤镜在模糊图像时可保留图像边缘，用于创建特殊效果以及去除杂点和颗粒。

📦 动感模糊："动感模糊"滤镜可通过对图像中某一方向上的像素进行线性位移来产生运动模糊效果。

📦 方框模糊："方框模糊"滤镜以邻近像素颜色平均值为基准值模糊图像。

📦 高斯模糊："高斯模糊"滤镜可根据高斯曲线对图像进行选择性模糊，以产生强烈的模糊效果，是比较常用的模糊滤镜。在"高斯模糊"对话框中，"半径"数值框可以调节图像的模糊程度，数值越大，模糊效果越明显。

📦 径向模糊："径向模糊"滤镜可以使图像产生旋转或放射状模糊效果。

📦 进一步模糊："进一步模糊"滤镜可以使图像产生一定程度的模糊效果。它与"模糊"滤镜效果类似，该滤镜没有参数设置对话框。

📦 镜头模糊："镜头模糊"滤镜可使图像模拟摄像时镜头抖动产生的模糊效果。

📦 模糊："模糊"滤镜通过对图像中边缘过于清晰的颜色进行模糊处理来达到模糊效果。该滤镜无参数设置对话框。只使用一次该滤镜，图形效果不会太明显，若重复使用多次该滤镜命令，效果尤为明显。

📦 平均："平均"滤镜通过对图像中的平均颜色值进行柔化处理，从而产生模糊效果。该滤镜无参数设置对话框。

📦 特殊模糊："特殊模糊"滤镜通过找出图像的边缘以及模糊边缘以内的区域，从而产生一种边界清晰、中心模糊的效果。在"特殊模糊"对话框的"模式"下拉列表框中选择"仅限边缘"选项，模糊后的图像呈黑色的效果显示。

📦 形状模糊："形状模糊"滤镜使图形按照某一指定的形状作为模糊中心来进行模糊。在"形状模糊"对话框下方选择一种形状，然后在"半径"数值框中输入数值决定形状的大小，数值越大，模糊效果越强，完成后单击"确定"按钮。

4. "扭曲"滤镜组

"扭曲"滤镜组主要用于对图像进行扭曲变形，该滤镜组提供了 12 种滤镜效果，其中"玻璃""海洋波纹"和"扩散亮光"滤镜位于滤镜库中，其他滤镜可以选择【滤镜】/【扭曲】命令，然后在打开的子菜单中选择相应的命令。下面分别对这些滤镜进行介绍。

📦 玻璃："玻璃"滤镜用于产生一种玻璃扭曲的效果，通过设置参数，可使图像产生不同程度的扭曲。

📦 海洋波纹："海洋波纹"滤镜可以使图像产生一种在海水中漂浮的效果，该滤镜各选项的含义与"玻璃"滤镜相似，这里不再赘述。

📦 扩散亮光："扩散亮光"滤镜用于产生一种弥漫的光照效果，使图像中较亮的区域产生一种光照效果。在"滤镜库"对话框中选择【扭曲】/【扩散亮光】选项即可进行设置。

📦 波浪："波浪"滤镜通过设置波长使图像产生波浪涌动的效果。

📦 波纹："波纹"滤镜可以使图像产生水波荡漾的涟漪效果。它与"波浪"滤镜相似，除此之外，"波纹"对话框中的"数量"还能用于设置波纹的数量，该值越大，产生的涟漪效果越强。

📦 极坐标："极坐标"滤镜可以通过改变图像的坐标方式，使图像产生极端的变形。

📦 挤压："挤压"滤镜可以使图像产生向内或向外挤压变形的效果，主要通过在打开的"挤压"对话框的"数量"数值框中输入数值来控制挤压效果。

📦 切变："切变"滤镜可以使图像在竖直方向产生弯曲效果。在"切变"对话框左上侧的方格框的垂直线上单击，可创建切变点，拖曳切变点可实现图像的切变变形。

📦 球面化："球面化"滤镜就是模拟将图像包在球上并伸展来适合球面，从而产生球面化的效果。

📦 水波："水波"滤镜可使图像产生起伏状的波纹和旋转效果。

📦 旋转扭曲："旋转扭曲"滤镜可产生旋转扭曲效果，且旋转中心为物体的中心。在"旋转扭曲"对话框中，"角度"用于设置旋转方向，为正值时将顺时针扭曲；为负值时将逆时针扭曲。

📦 置换："置换"滤镜可以使图像产生移位效果，移位的方向不仅跟参数设置有关，还跟位移图有密切关系。使用该滤镜需要两个文件才能完成，一个是要编辑的图像文件；另一个是位移图文件，位移图文件充当位移模板，用于控制位移的方向。

5. "素描"滤镜组

"素描"滤镜组中的滤镜效果比较接近素描效果，并且大部分是单色。素描类滤镜可根据图像中高色调、半色调和低色调的分布情况，以及使用前景色和背景色按特定的运算方式进行填充，使图像产生素描、速写及三维的艺术效果。选择【滤镜】/【滤镜库】命令，在打开的对话框中选择素描组，其中包括了14个滤镜。下面分别进行介绍。

- 半调图案："半调图案"滤镜可以使用前景色和背景色将图像以网点效果显示。
- 便条纸："便条纸"滤镜可以使图像以当前前景色和背景色混合产生凹凸不平的草纸画效果，其中前景色作为凹陷部分，而背景色作为凸出部分。
- 铬黄渐变："铬黄渐变"滤镜可以模拟液态金属的效果。
- 粉笔和炭笔："粉笔和炭笔"滤镜可以产生粉笔和炭笔涂抹的草图效果。在处理过程中，粉笔使用背景色，用来处理图像较亮的区域；炭笔使用前景色，用来处理图像较暗的区域。
- 绘图笔："绘图笔"滤镜可使用前景色和背景色生成一种钢笔画素描效果，图像中没有轮廓，只有变化的笔触效果。
- 基底凸现："基底凸现"滤镜主要用来模拟粗糙的浮雕效果。
- 石膏效果："石膏效果"滤镜可以产生一种石膏浮雕效果，且图像用前景色和背景色填充。
- 水彩画纸："水彩画纸"滤镜能制作出类似在潮湿的纸上绘图并产生画面浸湿的效果。
- 撕边："撕边"滤镜可以在图像的前景色和背景色的交界处生成粗糙及撕破的纸片形状效果。
- 炭笔："炭笔"滤镜可以将图像以类似炭笔画的效果显示出来。前景色代表笔触的颜色，背景色代表纸张的颜色。在绘制过程中，阴影区域用黑色对角炭笔线条替换。
- 炭精笔："炭精笔"滤镜可以在图像上模拟浓黑和纯白的炭精笔纹理效果。在图像的深色区域使用前景色，在浅色区域亮区使用背景色。
- 图章："图章"滤镜可以使图像产生类似生活中的印章的效果。
- 网状："网状"滤镜将使用前景色和背景色填充图像，在图像中产生一种网眼覆盖效果。
- 影印："影印"滤镜可以模拟影印效果。其中用前景色来填充图像的高亮区，用背景色来填充图像的暗区。

6. "纹理"滤镜组

使用滤镜库中的"纹理"滤镜组可在图像中模拟出纹理效果。选择【滤镜】/【滤镜库】命令，在打开的对话框中选择纹理滤镜组，包括"龟裂缝""颗粒""马赛克拼贴""拼缀图""染色玻璃"和"纹理化"6个滤镜效果。使用它们能轻松地做出纹理效果，下面分别进行介绍。

- 龟裂缝："龟裂缝"滤镜可以使图像产生龟裂纹理，从而制作出具有浮雕立体图像的效果。
- 颗粒："颗粒"滤镜可以在图像中随机加入不规则的颗粒来产生颗粒纹理效果。
- 马赛克拼贴："马赛克拼贴"滤镜可以使图像产生马赛克网格效果，还可以调整网格的大小以及缝隙的宽度和深度。
- 拼缀图："拼缀图"滤镜可以将图像分割成数量不等的小方块，用每个方块内的像素平均颜色作为该方块的颜色，模拟一种建筑拼贴瓷砖的效果，类似生活中的拼图效果。
- 染色玻璃："染色玻璃"滤镜可以在图像中产生不规则的玻璃网格，每格的颜色由该格的平均颜色来显示。
- 纹理化："纹理化"滤镜可以为图像添加砖形、粗麻布、画布和砂岩等纹理效果，还可以调整纹理的大小和深度。

7. "艺术效果"滤镜组

"艺术效果"滤镜组可以通过模仿传统手绘图画的方式绘制出15种不同风格的图像。使用时只需选择【滤镜】/【滤镜库】命令，在打开的对话框中选择艺术效果滤镜组，再选择不同的滤镜进行设置。

- 壁画："壁画"滤镜可以使图像产生类似壁画的效果。
- 彩色铅笔："彩色铅笔"滤镜可以将图像以彩色铅

笔绘画的方式显示出来。

- 粗糙蜡笔："粗糙蜡笔"滤镜可以使图像产生类似蜡笔在纹理背景上绘图产生的纹理浮雕效果。

- 底纹效果："底纹效果"滤镜可以根据所选的纹理类型使图像产生一种纹理效果。

- 干画笔："干画笔"滤镜可以使图像生成一种干燥的笔触效果，类似于绘画中的干画笔效果。

- 海报边缘："海报边缘"滤镜可以使图像查找出颜色差异较大的区域，并将其边缘填充成黑色，使图像产生海报画的效果。

- 海绵："海绵"滤镜可以使图像产生类似海绵浸湿的图像效果。

- 绘画涂抹："绘画涂抹"滤镜可以使图像产生类似手指在湿画上涂抹的模糊效果。

- 胶片颗粒："胶片颗粒"滤镜可以使图像产生类似胶片颗粒的效果。

- 木刻："木刻"滤镜可以将图像制作成类似木刻画的效果。

- 霓虹灯光："霓虹灯光"滤镜可以使图像的亮部区域产生类似霓虹灯的光照效果。

- 水彩："水彩"滤镜可以将图像制作成类似水彩画的效果。

- 塑料包装："塑料包装"滤镜可以使图像产生质感较强并具有立体感的塑料效果。

- 调色刀："调色刀"滤镜可以将图像的色彩层次简化，使相近的颜色融合，产生类似粗笔画的绘图效果。

- 涂抹棒："涂抹棒"滤镜用于使图像产生类似用粉笔或蜡笔在纸上涂抹的图像效果。

8. "锐化"滤镜组

"锐化"滤镜组可以使图像更清晰，一般用于调整模糊的照片。在使用"锐化"滤镜时要注意，使用过度会造成图像失真。"锐化"滤镜组包括"USM锐化""进一步锐化""锐化""锐化边缘"和"智能锐化"5种滤镜效果。使用时只需选择【滤镜】/【锐化】命令，在打开的子菜单中进行相应的选择即可。

- USM锐化："USM锐化"滤镜可以在图像边缘的两侧分别制作一条明线或暗线来调整边缘细节的对比度，将图像边缘轮廓锐化。

- 进一步锐化："进一步锐化"滤镜可以增加像素之间的对比度，使图像变得清晰，但锐化效果比较微弱。此外滤镜命令没有对话框。

- 锐化："锐化"滤镜和"进一步锐化"滤镜相同，都是通过增强像素之间的对比度增强图像的清晰度，其效果比"进一步锐化"滤镜明显。该滤镜也没有对话框。

- 锐化边缘："锐化边缘"滤镜可以锐化图像的边缘，并保留图像整体的平滑度。该滤镜没有对话框。

- 智能锐化："智能锐化"滤镜的功能很强大，用户可以设置锐化算法、控制阴影和高光区域的锐化量。

9. "杂色"滤镜组

使用"杂色"滤镜组可以处理图像中的杂点，"杂点"滤镜组中有5个滤镜。分别为"减少杂色""蒙尘与划痕""去斑""添加杂色"和"中间值"滤镜。在阴天拍摄的照片一般都会有杂点，此时使用"杂色"滤镜组中的滤镜就能进行处理。使用时只需选择【滤镜】/【杂色】命令，在打开的子菜单中选择相应的命令。下面分别进行介绍。

- 减少杂色："减少杂色"滤镜用来消除图像中的杂色。

- 蒙尘与划痕："蒙尘与划痕"滤镜通过将图像中有缺陷的像素融入周围的像素中，从而达到除尘和涂抹的效果，打开"蒙尘与划痕"对话框。在其中可通过"半径"选项调整清除缺陷的范围；通过"阈值"选项，确定要进行像素处理的阈值，该值越大，去杂效果越弱。

- 去斑："去斑"滤镜无参数设置对话框，它可对图像或选区内的图像进行轻微的模糊、柔化，从而达到掩饰图像中细小斑点、消除轻微折痕的效果，常用于修复照片中的斑点。

- 添加杂色："添加杂色"滤镜可以向图像中随机混合杂点，即添加一些细小的颗粒状像素，常用于添加杂色纹理效果，它与"减少杂色"滤镜作用相反。

- 中间值："中间值"滤镜可以采用杂色和其周围像素的折中颜色来平滑图像中的区域。在"中间值"对话框中，"半径"数值框用于设置中间值效果的平滑距离。

10. "像素化"滤镜组

"像素化"滤镜组主要通过将图像中相似颜色值的像素转化成单元格，使图像分块或平面化。像素化滤镜一般用于增强图像质感，使图像的纹理更加明显。"像素化"滤镜组包括 7 种滤镜，使用时只需选择【滤镜】/【像素化】命令，在打开的子菜单中选择相应的滤镜命令。下面分别进行介绍。

🔹 彩块化："彩块化"滤镜可以使图像中纯色或相似颜色凝结为彩色块，从而产生类似宝石刻画般的效果。该滤镜没有参数设置对话框。

🔹 彩色半调："彩色半调"滤镜可模拟在图像每个通道上应用半调网屏的效果。

🔹 晶格化："晶格化"滤镜可以使图像中相近的像素集中到一个像素的多角形网格中，从而使图像清晰化。在"晶格化"对话框中，"单元格大小"数值框用于设置多角形网格的大小。

🔹 点状化："点状化"滤镜可以在图像中随机产生彩色斑点，点与点之间的空隙用背景色填充。在"点状化"对话框中，"单元格大小"数值框用于设置点状网格的大小。

🔹 马赛克："马赛克"滤镜可以把图像中具有相似彩色的像素统一合成更大的方块，从而产生类似马赛克般的效果。在"马赛克"对话框中，"单元格大小"数值框用于设置马赛克的大小。

🔹 碎片："碎片"滤镜可以将图像的像素复制 4 遍，然后将它们平均移位并降低不透明度，从而形成一种不聚焦的"四重视"效果。

🔹 铜板雕刻："铜板雕刻"滤镜可以在图像中随机分布各种不规则的线条和虫孔斑点，从而产生镂刻的版画效果。在"铜板雕刻"对话框中，"类型"下拉列表框用于设置铜板雕刻的样式。

11. "渲染"滤镜组

在制作和处理一些风格照，或模拟不同的光源下不同的光线照明效果时，可以使用"渲染"滤镜组。"渲染"滤镜组主要用于模拟光线照明效果，该组提供了 5 种滤镜，分别为"分层云彩""光照效果""纤维""镜头光晕"和"云彩"滤镜。使用时只需选择【滤镜】/【渲染】命令，在打开的子菜单中选择相应的滤镜命令。下面分别进行介绍。

🔹 分层云彩："分层云彩"滤镜产生的效果与原图像的颜色有关，它会在图像中添加一个分层云彩效果。该滤镜无参数设置对话框。

🔹 光照效果："光照效果"滤镜的功能相当强大，可以设置光源、光色、物体的反射特性等，然后根据这些设定产生光照，模拟 3D 绘画效果。使用时只需拖曳白色框线调整光源大小，再调整白色圈线中间的强度环，最后按【Enter】键。

🔹 镜头光晕："镜头光晕"滤镜可以通过为图像添加不同类型的镜头来模拟镜头产生眩光的效果。

🔹 纤维："纤维"滤镜可根据当前设置的前景色和背景色生成一种纤维效果。

🔹 云彩："云彩"滤镜可通过在前景色和背景色之间随机抽取像素并完全覆盖图像，从而产生类似云彩的效果。该滤镜无参数设置对话框。

12. "其他"滤镜组

"其他"滤镜组主要用来处理图像的某些细节部分，也可自定义特殊效果滤镜。该组包括 5 种滤镜，分别为"高反差保留""自定""位移""最大值"和"最小值"滤镜。使用时只需选择【滤镜】/【其他】命令，在打开的子菜单中选择相应的滤镜命令即可。下面分别进行介绍。

🔹 高反差保留："高反差保留"滤镜可以删除图像中色调变化平缓的部分而保留色彩变化最大的部分，使图像的阴影消失而亮点突出。其对话框中"半径"数值框用于设定该滤镜分析处理的像素范围，值越大，效果图中保留原图像的像素越多。

🔹 自定："自定"滤镜可以创建自定义的滤镜效果，如创建锐化、模糊和浮雕等滤镜效果。"自定"对话框中有一个 5×5 的数值框矩阵，最中间的方格代表目标像素，其余的方格代表目标像素周围对应位置上的像素。在"缩放"数值框输入一个值后，将以该值去除计算中包含像素的亮度部分；在"位移"数值框中输入的值与缩放计算结果相加，自定义后再单击"储存"按钮，可将设置的滤镜存储到系统中，以便下次使用。

🔹 位移："位移"滤镜可根据"位移"对话框中设定的值来偏移图像，偏移后留下的空白可用当前的背景色填充、重复边缘像素填充或折回边缘像素填充。

🔹 最大值 / 最小值："最大值"滤镜可以将图像中的明亮区域扩大，将阴暗区域缩小，产生较明亮的图像效果。"最小值"滤镜可以将图像中的明亮区域缩小，将阴暗区域扩大，产生较阴暗的图像效果。

9.3.4 实战案例——制作水墨荷花效果

微课：制作水墨
荷花效果

　　水墨荷花通常是雅居装饰不可缺少的画卷。下面使用 Photoshop CS6 中的纹理滤镜组、描边滤镜组、照片滤镜以及其他滤镜组中的滤镜，将荷花照片处理成水墨荷花效果。

 素材：光盘＼素材＼第9章＼水墨荷花＼

效果：光盘＼效果＼第9章＼水墨荷花 .psd

STEP 1 复制图层

❶打开荷花素材；❷按【Ctrl+J】组合键复制背景图层。

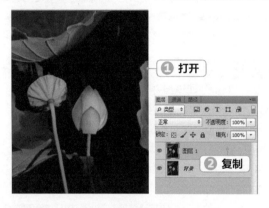

STEP 2 调整荷花图的阴影与高光

❶选择【图像】/【调整】/【阴影/高光】命令，打开"阴影/高光"对话框，设置"数量"为"60%"，值越大，暗部越亮；❷设置"高光"为"20%"，值越大，亮部越暗；❸单击"确定"按钮。

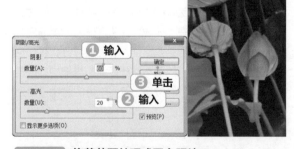

STEP 3 将荷花图处理成黑白照片

❶选择【图像】/【调整】/【黑白】命令，打开"黑白"对话框，在预设下拉列表框中选择"中灰密度"选项；❷单击"确定"按钮，将图片处理成黑白照片。

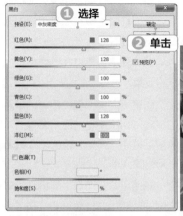

STEP 4 反向图像

返回图像编辑窗口，选择【图像】/【调整】/【反相】命令，把黑色背景转换为白色。

STEP 5 设置图层混合模式

❶把当前图层复制两层；❷将最上面的图层混合模式设置为"颜色减淡"。

STEP 6 设置最小值滤镜

❶按【Ctrl＋I】组合键反相，画布变为白色，选择【滤镜】/【其他】/【最小值】命令，打开"最小值"对话框，设置半径为"2"像素；❷单击"确定"按钮。

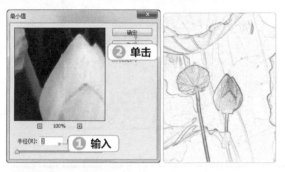

STEP 7 设置喷溅参数

❶合并"图层1副本"图层，选择"图层1"，选择【滤镜】/【滤镜库】命令，打开"滤镜库"对话框，打开"画笔描边"滤镜组，选择"喷溅"滤镜；❷设置"喷色半径"为"10"；❸设置"平滑度"为"4"；❹单击"确定"按钮。

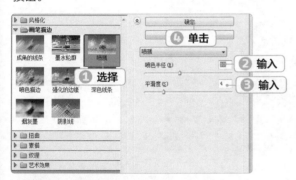

STEP 8 查看喷溅滤镜效果

返回图像编辑窗口，查看应用喷溅滤镜后的效果，选择"图层1副本"图层，设置混合模式为"柔光"。

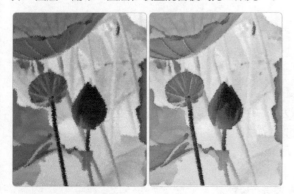

STEP 9 调整色阶

❶合并"图层1"与"图层1副本"图层，选择【图像】/【调整】/【色阶】命令，打开"色阶"对话框，更改阴影值为"30"；❷单击"确定"按钮，返回图像编辑窗口，使用加深工具涂抹，加深荷叶。

STEP 10 设置纹理化滤镜参数

❶选择【滤镜】/【滤镜库】命令，打开"滤镜库"对话框，打开"纹理"滤镜组，选择"纹理化"滤镜；❷设置纹理为"画布"；❸设置缩放为"50"%；❹设置凸现为"2"，控制纹理效果的强弱；❺单击"确定"按钮。

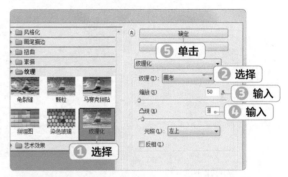

STEP 11 使用照片滤镜

❶选择【图像】/【调整】/【照片滤镜】命令，打开"照片滤镜"对话框，选择滤镜为"加温滤镜（85）"；❷设置"浓度"为"12"；❸单击"确定"按钮。

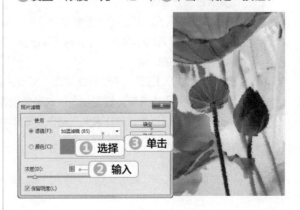

STEP 12 添加文本与边框

❶打开"水墨画文本 .psd"文件，将其中的文本与
印章添加到当前图像窗口中；❷选择矩形工具，在
工具属性栏中设置描边颜色为"黑色"，描边粗细为
"19.4 点"，描边样式为"实线"；❸沿着页面边
框绘制矩形，为荷花图像添加边框效果，完成水墨荷
花的制作。

边学边做

1. 合成水上城堡

本练习要求使用蒙版显示或隐藏部分选区，使用多张景色图像合成水上城堡。

提示如下。

- 打开素材文件中的所有图像文件，双击背景所在图层，将其转换为普通图层。

- 将所有背景图像拖曳到一个文件中，将文件命名为"水上城堡"，调整图层顺序。

- 为"图层 3"和"图层 4"图层创建蒙版，进入图层蒙版，设置前景色为"黑色"，使用画笔工具
  隐藏图像部分区域。

- 删除"图层 1"和"图层 2"图层中的背景，保留海鸥与海豚图像，调整大小与位置。

- 选择"图层 1"图层，在其上方新建"图层 5"图层，使用渐变填充工具绘制白色到透明的径向渐变，
  制作太阳照射的效果。

- 复制"图层 0"图层，调整图像位置，将云朵置于小岛的崖壁上，将前景色设置为"黑色"，按
  【Alt+Delete】组合键隐藏图层，将前景色设置为"白色"，选择画笔工具，在工具属性栏中设
  置画笔透明度与硬度，涂抹崖壁，制作烟雾环绕小岛的效果。

2. 为头发挑染颜色

打开提供的"人物"素材文件，对照片中的人物头发进行染色。

提示如下。

- 单击工具箱底部的"以快速蒙版模式进行编辑"按钮创建蒙版并进入编辑状态，选择画笔工具，在人物的头发区域进行涂抹，这时涂抹的颜色将呈现透明红色，将头发图像区域完全选中。
- 再次单击"以标准模式编辑"按钮退出编辑状态，得到人物头发的选区。
- 选择渐变填充工具，在工具属性栏中单击"线性渐变"按钮，在人物头发上斜拉鼠标创建渐变填充，并设置"图层 1"的图层混合模式为"柔光"。
- 按【Ctrl+Shift+I】组合键反选选区，选择橡皮擦工具，擦除头发周围溢出来的颜色，然后设置"图层 1"的图层不透明度为"50%"，按【Ctrl+D】组合键取消选区，得到最终的图像效果。

3. 制作炫酷冰球效果

对"篮球 .jpg"素材文件进行编辑，制作冰球效果。

提示如下。

- 使用艺术效果滤镜组和画笔描边滤镜组来制作冰的质感效果。
- 用"铬黄渐变"滤镜和图层样式等来制作冰球表面的液态效果。

 高手竞技场

1. 制作菠萝屋

打开提供的"摇篮 .jpg""门窗 .jpg""菠萝 .jpg"素材文件，制作菠萝屋效果，提示如下。

◈ 使用通道抠取"菠萝 .jpg"素材文件中的菠萝图像，然后将其载入到"摇篮 .jpg"素材文件。

◈ 将"门窗 .jpg"素材拖曳到其中，通过蒙版隐藏不需要的部分，对素材进行变换操作，使效果更为美观。

2. 制作水中倒影

打开提供的素材图片，使用"水波"和"波纹"滤镜功能为人物制作水中倒影效果，要求如下。

◈ 打开"水岸 .jpg"素材文件，复制背景图层、垂直旋转并删除图像背景。

◈ 分别使用"水波"和"波纹"滤镜制作水中倒影。

◈ 降低图层的不透明度，使倒影更逼真。

10

Chapter

第 10 章

使用动作和输出图像

/ 本章导读

本章主要讲解在 Photoshop CS6 中进行动作的创建和自动处理图像，以及输出图像的操作。在 Photoshop 中，对于重复的操作可通过创建动作和自动处理等方法来快速实现。读者通过本章的学习能够快速处理图像的重复操作，并能够对制作好的图像进行输出操作。

照片1.jpg   照片2.jpg

照片3.jpg   照片4.jpg

温暖午后

10.1 动作与批处理图像

在 Photoshop CS6 中，可以对图像进行一系列的操作，将其有序地录制到"动作"面板中，然后可以在后面的操作中，通过播放存储的动作序列，来对不同的图像重复执行同一系列的操作。通过"动作"功能的应用，可以对图像进行自动化操作，从而大大提高工作效率。本节将讲解录制和使用动作以及自动处理图像的相关知识。

10.1.1 认识"动作"面板

动作是将不同的操作、命令、命令参数记录下来，以一个可执行文件的形式存在，以便在对图像执行相同操作时使用。在处理图像的过程中，用户的每一步操作都可看作是一个动作，如果将若干操作放到一起，就成了一个动作组。

与动作相关的所有操作都被组合在"动作"面板中，如创建、存储、载入、执行动作等。因此要掌握并灵活运用动作，必须先熟悉"动作"面板。选择【窗口】/【动作】命令，将打开"动作"面板。在"动作"面板中，程序提供了很多自带的动作，如图像效果、处理、文字效果、画框、文字处理等。

"动作"面板中各组成部分的名称和作用如下。

🔹 动作序列：也称动作集，提供了"默认动作""图像效果""纹理"等多个动作序列，每一个动作序列中又包含多个动作。单击"展开动作"按钮 ▶，可以展开动作序列或动作的操作步骤及参数设置，展开后单击 ▼ 按钮可再次折叠动作序列。

🔹 动作名称：每一个运作序列或动作都有一个名称，以便于用户识别。

🔹 "停止播放 / 记录"按钮 ■：单击该按钮，可以停止正在播放的动作，或在录制新动作时单击该按钮暂停动作的录制。

🔹 "开始记录"按钮 ●：单击该按钮，开始录制一个新动作。在录制的过程中，该按钮将显示为红色。

🔹 "播放选定的动作"按钮 ▶：单击该按钮，可以播放当前选定的动作。

🔹 "创建新组"按钮 ▢：单击该按钮，可以新建一个动作序列。

🔹 "创建新动作"按钮 ▣：单击该按钮，可以新建一个动作。

🔹 "删除"按钮 🗑：单击该按钮，可以删除当前选择的动作或动作序列。

🔹 ✔ 按钮：若动作组、动作、命令前显示有该图标，表示该动作组、动作、命令可执行；若动作组或动作前没有该图标，表示该动作组或动作不能被执行；若某一命令前没有该图标，表示该命令不能被执行。

🔹 ▣ 图标：✔ 按钮后的 ▣ 图标，用于控制当前所执行的命令是否需要打开对话框。当 ▣ 图标显示为灰色时，表示暂停要播放的动作，并打开一个对话框，用户可从中进行参数的设置；当 ▣ 图标显示为红色时，表示该动作的部分命令中包含了暂停操作。

🔹 展开与折叠动作：在动作组和动作名称前都有一个三角按钮，当该按钮呈 ▶ 状态时，单击该按钮可展开组中的所有动作或动作所执行的命令，此时该按钮变为 ▼ 状态；再次单击该按钮，可隐藏组中的所有动作和动作所执行的命令。

10.1.2 创建与保存动作

通过动作的创建与保存功能，用户可以将自己制作的图像效果（如画框效果或文字效果等）做成动作保存在计算机中，避免重复处理的操作。

微课：创建与保存动作

1. 创建动作

虽然系统自带了大量动作，但在具体的工作中却很少有符合需要的，这时就需要用户创建新的动作，以满足图像处理的需要。其具体操作如下。

STEP 1　新建动作组

❶选择【窗口】/【动作】命令，在打开的"动作"面板中单击底部的"新建动作组"按钮；❷在打开的"新建组"对话框中设置名称，如"浪漫紫色"；❸单击"确定"按钮新建动作组。

STEP 2　新建动作

❶在"动作"控制面板中单击底部的"新建动作"按钮；❷在打开的"新建动作"对话框中设置名称为"紫色调"；❸设置"组"为"浪漫紫色"；❹设置"功能键"为"F11"；❺设置"颜色"为"紫色"；❻单击"记录"按钮。

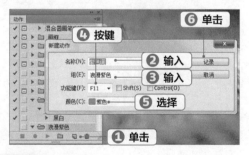

STEP 3　停止录制

此时根据需要对当前图像进行所需的操作，每进行一步操作都将在"动作"面板中记录相关的操作项及参数。动作录制完成后，在"动作"控制面板中，单击面板底部的"停止录制"按钮。完成后保存文件即可。

2. 保存动作

用户创建的动作将暂时保存在 Photoshop CS6 的"动作"面板中，每次启动 Photoshop 后即可使用。用户如果不小心删除了动作，或重新安装了 Photoshop CS6，手动制作的动作将消失。因此，需将这些已创建好的动作以文件的形式进行保存，需要使用时再通过加载文件的形式载入"动作"面板。其具体操作如下。

STEP 1　选择存储的动作组

❶在"动作"面板中选择要存储的动作组；❷单击右上角的"设置"按钮；❸在打开的下拉列表中选择"存储动作"选项。

STEP 2　设置储存名称与路径

❶打开"存储"对话框，在其中选择存放动作文件的目标文件夹；❷输入要保存的动作名称；❸单击"保存"按钮。

10.1.3 | 载入和播放动作

在网上发现喜欢的动作后，用户可先将其下载到计算机硬盘中，然后将动作载入到 Photoshop CS6，最后通过播放动作的形式自动对其他图像实现相应的效果。

微课：载入和播放动作

STEP 1 选择"载入动作"选项

❶在"动作"面板中选择要存储的动作组，这里选择"浪漫紫色调"；❷单击右上角的 按钮，在打开的下拉列表中选择"载入动作"选项。

STEP 2 选择载入的动作

❶打开"载入"对话框，在其中选择要载入的动作文件"文字动作.atn"；❷单击"载入"按钮。

STEP 3 播放载入的动作

❶在"动作"面板中选择载入的动作；❷单击"播放选定的动作"按钮，此时，将自动新建一个图像文件，且系统自动将该动作应用到图像中。

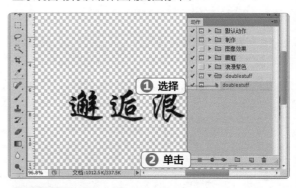

STEP 4 查看载入动作的效果

执行完动作后，将自动新建一个图像文件，查看应用载入的动作效果。

10.1.4 | 自动处理图像

Photoshop CS6 提供了一些自动处理图像的功能，通过这些功能用户可以轻松地完成对多个图像的同时处理。

1. 使用"批处理"命令

对图像应用"批处理"命令前，首先要通过"动作"面板将对图像执行的各种操作进行录制，保存为动作，从而进行批处理操作。

打开需要批处理的所有图像文件或将所有文件移动到相同的文件夹中。选择【文件】/【自动】/【批处理】命令，打开"批处理"对话框。

其中各选项的含义如下。

🔹 "组"下拉列表：用于选择要执行的动作所在的组。

🔹 "动作"下拉列表：选择所要应用的动作。

🔹 "源"下拉列表：用于选择需要批处理的图像文件来源。选择"文件夹"选项，单击"选择"按钮可查找并选择需要批处理的文件夹；选择"导入"选项，则可导入以其他途径获取的图像，从而进行批处理操作；选择"打开的文件"选项，可对所有已经打开的图像文件应用动作；选择"Bridge"选项，则用于对文件浏览器中选取的文件应用动作。

⬦ "目标"下拉列表框：用于选择处理文件的目标。选择"无"选项，表示不对处理后的文件做任何操作；选择"存储并关闭"选项，可将进行批处理的文件存储并关闭以覆盖原来的文件；选择"文件夹"选项，并单击下面的"选择"按钮，可选择目标文件所保存的位置。

⬦ "文件命名"栏：在"文件命名"栏的 6 个下拉列表中，可指定目标文件生成的命名形式。在该选项区域中还可指定文件名的兼容性，如 Windows、Mac OS、UNIX 操作系统。

⬦ "错误"下拉列表框：在该下拉列表中可指定出现操作错误时软件的处理方式。

2. 创建快捷批处理方式

使用"创建快捷批处理"命令的操作方法与"批处理"命令相似，只是在创建快捷批处理方式后，在相应的位置会创建一个快捷方式图标。用户只需将需要处理的文件拖至该图标上，即可自动对图像进行处理。其方法是：选择【文件】/【自动】/【创建快捷批处理】命令，打开"创建快捷批处理"对话框，在该对话框中设置快捷批处理和目标文件的存储位置以及需要应用的动作后，单击"确定"按钮，打开存储快捷批处理的文件夹，即可在其中看到一个 ⬇ 的快捷图标，将需要应用该动作的文件拖到该图标上即可自动完成图片的处理。

10.1.5 实战案例——录制水印动作

当需要对某些图片统一进行相同的处理时，可通过动作来快速完成。本案例提供了一组照片，要求统一为它们创建水印，且要求水印为公司 Logo。

| 素材：光盘 \ 素材 \ 第 10 章 \ 照片 \ |
| 效果：光盘 \ 效果 \ 第 10 章 \ 照片、印章 .atn |

微课：录制水印动作

STEP 1 创建动作组
打开"照片 1.jpg"图像文件，单击"动作"面板底部的"创建新组"按钮 ▭，在打开的"新建组"对话框的"名称"文本框中输入"我的动作"文字，单击"确定"按钮。

STEP 2 新建动作
单击"动作"面板底部的"创建新动作"按钮 ▫，在打开的"新建动作"对话框中输入"印章"文本，单击"记录"按钮，"开始记录"按钮 ● 呈红色显示。

PART 10

STEP 3 输入文本

在工具箱中选择横排文字工具T，设置字体为"黑体"、字号为"60 点"、颜色为"#f27e2d"，然后在图像中单击输入"印象摄影"文字；在"图层"面板中新建图层，然后利用矩形选框工具绘制一个矩形选区。

STEP 4 描边选区

选择【编辑】/【描边】命令，设置描边半径为"5"像素，填充颜色为"#f27e2d"，确认并取消选区。

STEP 5 设置"扩散"对话框

选择文字图层，并将其栅格化，然后合并文字图层和"图层 1"图层，选择【滤镜】/【风格化】/【扩散】命令，打开"扩散"对话框，在其中设置相关参数。

STEP 6 查看效果

单击"确定"按钮确认设置，按【Ctrl+T】组合键对图像进行自由变换，在"图层"面板中设置"图层 1"图层的"混合模式"为"柔光"。

STEP 7 完成动作录制

在"图层"面板的图层上单击鼠标右键，在弹出的快捷菜单中选择"合并可见图层"命令合并图层，然后选择【文件】/【存储】命令，保存照片，然后关闭图像；单击"动作"面板中的"停止播放/记录"按钮■完成录制。

STEP 8 设置"批处理"对话框

选择【文件】/【自动】/【批处理】命令，打开"批处理"对话框，在其中设置"播放"栏的组和动作选项以及源文件位置。

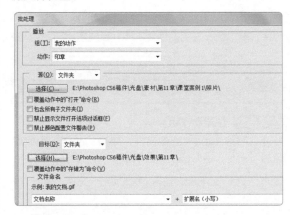

STEP 9 查看效果

单击"确定"按钮，可看到源文件夹中所有照片都添加了水印动作；在"动作"面板中选择"我的动作"选项，然后单击右上角的 ■■ 按钮，在打开的下拉列表中选择"存储动作"选项，在打开的"存储"对话框中设置保存位置和文件名，单击"保存"按钮。

照片1.jpg　　　　照片2.jpg

照片3.jpg　　　　照片4.jpg

10.2 印刷和打印输出图像

　　通常设计好后的作品还需从计算机中输出，如印刷输出或打印输出等，然后将输出后的作品作为小样进行审查。本节将学习使用 Photoshop CS6 的图像印刷和打印输出功能。通过学习，读者可以掌握印刷输出图像和打印输出图像的基本操作。

10.2.1 转换为 CMYK 模式

　　CMYK 模式是印刷的默认模式，为了能够预览印刷出的效果，减少计算机上图像与印刷图像的色差，可先将图像转换为 CMYK 格式。出片中心将以 CMYK 模式对图像进行四色分色，即将图像中的颜色分解为 C（青色）、M（品红）、Y（黄色）、K（黑色）4 张胶片。下面将需要印刷的图像转换为 CMYK 颜色模式，其具体操作步骤如下。

微课：转换为 CMYK 模式

素材：光盘 \ 素材 \ 第 10 章 \ 音乐会海报 .psd

路径：光盘 \ 效果 \ 第 10 章 \ 音乐会海报 .psd

STEP 1 转换为 CMYK 模式

打开"音乐会海报 .psd"素材文件，选择【图像】/【模式】/【CMYK 颜色】命令。

STEP 2 确认拼合图层

在打开的对话框中单击"拼合"按钮，保留图层设置的效果。

STEP 3 查看转换为 CMYK 模式的效果

转化为 CMYK 模式后，可发现图像的色彩没有 RGB 模式的色彩亮丽。

203

10.2.2 打印选项设置

打印的常规设置包括选择打印机的名称，设置"打印范围""份数""纸张尺寸大小""送纸方向"等参数，设置完成后即可进行打印。其具体操作步骤如下。

STEP 1 设置打印机、打印份数与纸张方向

❶选择【文件】/【打印】命令，打开"打印设置"对话框，选择计算机连接的打印机；❷ 在"份数"数值框中输入打印的份数为"1"；❸ 单击"横向"按钮；❹ 单击"打印设置"按钮。

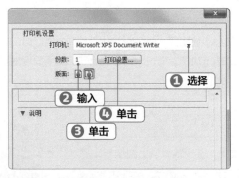

STEP 2 选择纸张规格与图像压缩质量

❶打开"文档属性"对话框，单击"布局"选项卡右下角的"高级"按钮；❷ 打开"高级选项"对话框，选择纸张规格为"A3"；❸ 选择图像的压缩方式为"JPG-最小压缩"；❹ 依次单击"确定"按钮，返回"Photoshop 打印设置"对话框。

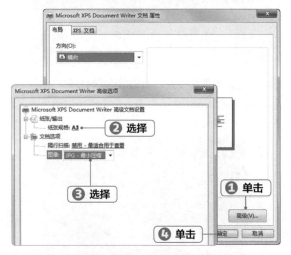

STEP 3 设置图像在页面中的位置

在"位置与大小"栏中单击选中"居中"复选框，图像在页面中居中摆放。取消选中该复选框，可设置图像距离顶部与左部的距离。

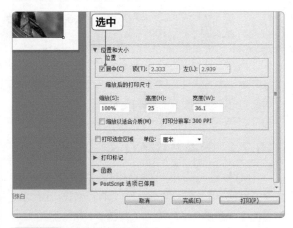

STEP 4 缩放图像至页面大小

❶在"缩放后的打印尺寸"栏中单击选中"缩放以适合介质"复选框；❷单击"完成"按钮，完成打印设置，返回图像编辑窗口。

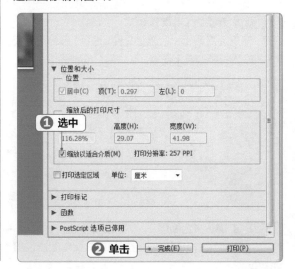

10.2.3 预览并打印图层

在打印图像文件前，为防止打印出错，一般会通过打印预览功能来预览打印效果，以便能发现问题并及时改正。其具体操作步骤如下。

1. 预览并打印可见图层中的图像

图像绘制完成后，可预览绘制的效果，并对图层中的图像进行打印操作。其具体操作步骤如下。

STEP 1 **预览打印的图像页面**

在"Photoshop 打印设置"对话框的左侧预览框中可预览打印图像的效果，若发现问题应及时纠正。

STEP 2 **打印可见图层中的图像**

在图像编辑窗口中隐藏不需要打印的图层，在"Photoshop 打印设置"对话框预览打印无误后，单击"打印"按钮即可打印图像。

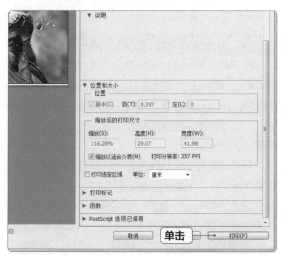

2. 打印选区

在 Photoshop CS6 中，用户不仅可以打印单独的图层，还可以创建并打印图像选区。其具体操作步骤如下。

STEP 1 **为打印范围创建选区**

使用工具箱中的选区工具在图像中为右侧图像创建选区。

STEP 2 **打印选区**

❶打开"Photoshop 打印设置"对话框，设置打印参数，单击选中"打印选中区域"复选框，若选区不合适，可拖曳预览框左侧和上面的三角形滑块调整打印区域；❷单击"打印"按钮即可打印图像。

10.2.4 图像设计前的准备工作

一个成功的设计作品不仅需要掌握熟练的软件操作能力，还需要在设计图像之前就做好准备工作。下面进行具体介绍。

PART 10

1. 设计前准备

在设计广告之前，首先需要在对市场和产品调查的基础上，对获得的资料进行分析与研究。通过对特定资料和一般资料的分析与研究，可初步找出产品与这些资料的连接点，并探索它们之间各种组合的可能性和效果，进而从资料中去伪存真，保留有价值的部分。

2. 设计提案

在获取大量第一手资料的基础上，对初步形成的各种组合方案和立意进行选择和酝酿，从新的思路获得灵感。在这个阶段，设计者还可适当多参阅和比较类似的构思，以调整创意与心态，使思维更为活跃。在经过以上阶段之后，创意将会逐步明朗化，且会在设计者不在意的时候突然涌现。这时可以制作设计草稿，制定初步设计方案。

3. 设计定稿

从数张设计草图中选择一张作为最后方案，然后在计算机中做设计正稿。针对不同的广告内容可以选择使用不同的软件来制作，现在运用得最为广泛的是 Photoshop 软件，它能制作出各种特殊的图像效果，为画面增添丰富的色彩。

10.2.5 印刷前的准备工作

印刷是指通过印刷设备将图像快速大量地输出到纸张等介质上，是广告设计、包装设计、海报设计等作品的主要输出方式。为了便于图像的输出，用户还需要在印刷前进行必要的准备工作，主要包括以下 8 个方面。

1. 校正图像颜色模式

用户在设计作品的过程中要考虑作品的用途和使用的输出设备，图像的颜色模式也会根据不同的输出路径而有所不同。如要输入电视设备中播放的图像，必须经过 NTSC 颜色滤镜等颜色校正工具进行校正，才能在电视中显示；如要输入在网页中进行观看的图像，可以选择 RGB 颜色模式；而对于需要印刷的作品，必须使用 CMYK 颜色模式。

2. 图像分辨率

一般用于印刷的图像，为了保证印刷出的图像清晰，在制作图像时，应将图像的分辨率设置在 300 ~ 350 像素 / 英寸。

3. 图像存储格式

在存储图像时，要根据要求选择文件的存储格式。若是用于印刷，则要将其存储为 TIF 格式，出片中心都以此格式来进行出片；若图像用于观看，则可将其存储为 JPG 或 RGB 格式。

由于高分辨率的图像大小一般都在几兆到几十兆字节，甚至几百兆字节，用户可以使用可移动的大容量介质来传送图像。

4. 图像的字体

当作品中运用了某种特殊字体时，应准备好该字体的安装文件，在制作分色胶片时将其提供给输出中心。一般情况下都不采用特殊的字体进行图像设计。

5. 图像的文件操作

在提交文件输出中心时，应将所有与设计有关的图片文件和字体文件，以及设计软件中使用的素材文件准备齐全，一起提交。

6. 分彩校对

由于每个用户的显示器型号不同，其显示的颜色有偏差或打印机在打印图像时造成的图像颜色有偏差，都将导致印刷后的图像色彩与在显示器中所看到的颜色不一致。因此，图像的分彩校对是印前处理工作中不可缺少的一步。

分彩校对包括显示器色彩校对、打印机色彩校对、图像色彩校对。下面分别进行介绍。

❖ **显示器色彩校对**：若同一个图像文件颜色在不同显示器或不同时间，在显示器上的显示效果不一致，就需要对显示器进行色彩校对。一些显示器会自带色彩校对软件,若没有,用户可手动调节显示器色彩。

❖ **打印机色彩校对**：在计算机显示屏幕上看到的颜色和用打印机打印到纸张上的颜色一般不会完全匹配，主要是因为计算机产生颜色的方式和打印机在纸上产生颜色的方式不同。若要使打印机输出的颜色和显示器上的颜色接近，设置好打印机的色彩管理参数，以及调整彩色打印机的偏色规律是一个重要途径。

🔹 **图像色彩校对**：图像色彩校对主要是指图像设计人员在制作过程中或制作完成后对图像的颜色进行校对。当用户指定某种颜色，并进行某些操作后，颜色有可能发生变化，这时就需要检查图像的颜色和当时设置的 CMYK 颜色值是否相同，若有不同，可以通过"拾色器"对话框调整图像颜色。

7. 分彩校对

在印刷之前，必须对图像进行分色和打样，二者也是印前处理的重要步骤。下面将分别进行讲解。

🔹 **分色**：指在输出中心将原稿上的各种颜色分解为黄、品红、青、黑 4 种原色颜色。在计算机印刷设计或平面设计软件中，分色工作就是将扫描图像或其他来源图像的色彩模式转换为 CMYK 模式。

🔹 **打样**：指印刷厂在印刷前，必须将所交付印刷的作品交给出片中心进行出片。输出中心先将 CMYK 模式的图像进行青色、品红、黄色、黑色 4 种胶片分色，再进行打样，从而检验制版阶调与色调能否取得良好的再现，并将复制再现的误差及应达到的数据标准提供给制版部门，作为修正或再次制版的依据，打样校正无误后再交付印刷中心进行制版和印刷。

8. 选择输出中心与印刷商

输出中心主要制作分色胶片，价格和质量不等，在选择时应进行相应的调查。印刷商则根据分色胶片制作印版、印刷、装订。

边学边做

1. 录制、保存并载入"浪漫紫色调"的动作

使用"动作"面板录制"浪漫紫色调"的动作，再将其保存起来，最后载入保存的动作，并应用到其他图像中。

提示如下。

🔹 录制一个"浪漫紫色调"动作，并通过新建调整图层来对图像的色彩进行调整，然后通过图层样式的叠加改变局部色调，使清新的绿色变为浪漫的紫色。

🔹 将前面录制的"紫色调动作"保存到计算机中。

🔹 使用"批处理"命令将一个文件夹中的所有照片都转换为紫色调。

2. 打印招聘海报

招聘海报是用来公布招聘信息的海报，属于广告中的一种。要求打印 2 份招聘海报。

提示如下。

🔹 打开"招聘海报 .jpg"图像，将图像转换为 CMYK 模式。

🔹 打开"Photoshop 打印设置"对话框，设置打印参数。

🔹 选择打印机打印图像。

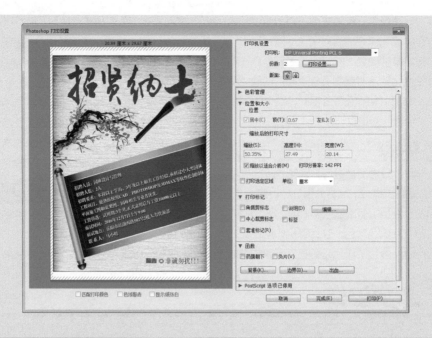

高手竞技场

录制并保存照片冷色调的动作

本例将录制并保存"照片处理"动作，要求如下。

- 打开"九寨沟 .jpg"照片，新建"冷色调"动作组，在该组中录制一个名称为"照片处理"的新动作。
- 为图像添加镜头光晕、喷溅滤镜、油画滤镜，然后调整图像的亮度 / 对比度。
- 停止录制，并查看录制的动作，将该动作保存到计算机中。

11 Chapter

第 11 章

Photoshop 综合应用

/ 本章导读

学习了本书所介绍的各知识点后，读者还应该加强知识点的综合应用，以提高自己实际处理图像的能力，并熟练掌握 Photoshop CS6 的使用方法。本章将重点介绍美食 App 界面、淘宝详情页页面美化两个案例的制作，进一步巩固所学知识，以使读者举一反三，彻底掌握其使用方法。

11.1 美食 App 界面设计

在移动应用中，美食 App 占有非常重要的地位。设计精美的美食 App 更能吸引用户的关注，提高用户的页面体验舒适度，勾起食欲，进而促成订单的生成。本节将制作美食 App 的引导页、首页、个人中心与登录页，以此介绍食品 App 页面的制作方法。

11.1.1 设计美食引导页

打开美食应用软件后，将进入引导页，引导页放置了精美诱人的食物图片，并在其中搭配了强有力的文案，其目的让用户喜欢该美食，继而促成下单。下面制作美食引导页，要求美食诱人、图片颜色明快亮丽，文字简洁美观。

微课：设计美食
引导页

素材：光盘\素材\第3章\美食引导页\

效果：光盘\效果\第3章\美食引导页.psd

STEP 1 新建文件并绘制圆角矩形

❶新建 1080 像素 ×1920 像素的名为"美食引导页"的图像文件，选择圆角矩形工具，将前景色设置为"#343843"，单击图像编辑区，在打开的"创建圆角矩形"对话框中设置图形的"宽度"为"80 像素"；❷设置"高度"为"120 像素"；❸设置圆角"半径"为"25像素"；❹单击"确定"按钮，创建固定大小的圆角。

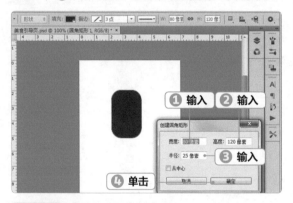

STEP 2 栅格化并编辑形状

❶在绘制的矩形图层上单击鼠标右键，在弹出的快捷菜单中选择"栅格化图层"命令，将形状图层转化为普通图层；❷选中矩形图层，选择矩形选框工具，框选矩形的上半部分，按【Delete】键删除图形。

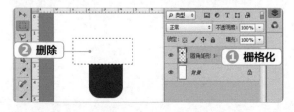

STEP 3 绘制圆角矩形

❶选择圆角矩形工具，设置填充颜色为"#f44041"；❷设置圆角半径值为"8"；❸拖曳鼠标，在图形内部绘制红色圆角矩形。

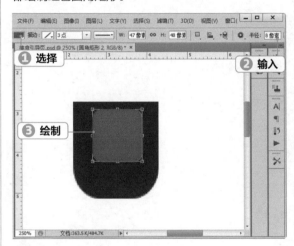

STEP 4 绘制图案

❶选择自定形状工具，设置填充颜色为"#343843"；❷在"形状"下拉列表框中选择"装饰"组中的"装饰 1"形状；❸在红色矩形上绘制图案。

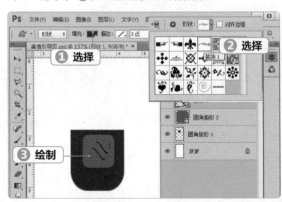

STEP 5 绘制图案

❶选择钢笔工具，设置绘图模式为"形状"；❷设置填充颜色为"#343843"；❸新建图层，拖曳鼠标绘制烟雾袅袅的形状。

STEP 6 输入文本

❶设置前景色为"白色"，选择横排文字工具，设置字体为"方正兰亭细黑_GBK"；❷设置字号为"12点"；❸设置字形为"浑厚"；❹在红色矩形下方输入"食孜源"。

STEP 7 加深图标

❶选择红色矩形所在图层，栅格化图层，按住【Alt】键单击图层缩略图载入选区；❷选择加深工具；❸设置画笔大小，涂抹形状底部，加深图形颜色，形成更加立体化的效果，新建"标志"图层组，将相关图层移至该组中。

STEP 8 添加并编辑素材

添加"美食1.jpg"素材文件，调整大小，使其宽度与页面一致。

STEP 9 绘制矩形并设置图层不透明度

❶选择矩形工具，将前景色设置为"#343843"，绘制矩形，覆盖美食图片；❷在"图层"面板中设置矩形图层的不透明度为"49%"。

STEP 10 添加素材并绘制形状

❶选择椭圆工具，按【Shift】键绘制圆；❷添加"美食2.jpg"素材文件。

STEP 11 创建剪切蒙版

❶在"美食2"素材图层上单击鼠标右键，在弹出的快捷菜单中选择"创建剪切蒙版"命令；❷将美食图片移动到圆的下方，按【Crtl+T】组合键调整图片的大小与位置。

STEP 12 绘制矩形与圆形

❶选择矩形工具，在页面下方绘制白色矩形，遮挡圆凸出图片的部分；❷选择椭圆工具，在圆左侧绘制正圆，在工具属性栏中设置填充颜色为"#f28214"；❸按【Alt】键将圆拖曳到右侧，复制两个圆，更改圆的填充颜色为"白色"；❹选择3个圆图层，单击"链接图层"按钮链接3个图层，便于一起移动。

STEP 13 描边文本

❶选择横排文字工具，设置字体格式为"方正剪纸简体、55.33点、#f28214"，在其中输入"为爱吃的你寻找美食"；❷双击文字图层，打开"图层样式"对话框，单击选中"描边"复选框；❸设置描边"大小"为"4"像素；❹设置"填充类型"为"颜色"，单击"确定"按钮。

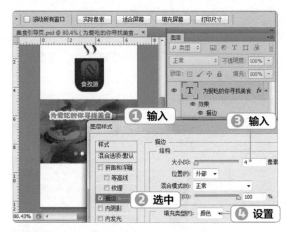

STEP 14 绘制圆角矩形

❶选择圆角矩形工具，设置填充颜色为"#f28214"，设置圆角半径值为"8"；❷在页面底部拖曳鼠标，绘制黄色圆角矩形。

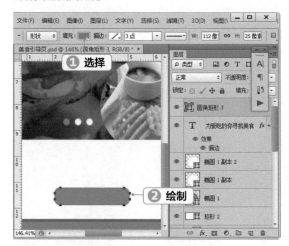

STEP 15 添加文本

❶选择横排文字工具，设置字体为"方正兰亭细黑_GBK"；❷输入相关文本，调整文字大小与颜色，完成引导页的制作。

11.1.2 | 设计美食首页

微课：设计美食首页

手机 App 首页一般包括页头、页中与页位 3 部分。页头一般包括 App 名称以及常用的功能按钮；页中用于存放美食广告、美食产品等信息；页尾用于放置页面切换按钮。下面制作美食首页两屏效果，要求美食诱人、分类明确、图片颜色明快亮丽，文字简洁美观。

| 素材：光盘 \ 素材 \ 第 11 章 \ 美食首页 \ |
| 效果：光盘 \ 效果 \ 第 11 章 \ 美食首页 1.psd… |

STEP 1　绘制菜单按钮

❶新建 1080 像素 × 1920 像素的名为"美食首页 1"图像文件，在距边 36 像素的位置处添加参考线；❷选择直线工具，按【Shift】键绘制三条呈梯形分布的粗细为 3 像素的直线；❸选择椭圆工具，设置填充颜色为"#ff0000"，在线条右上角按【Shift】键绘制圆。

STEP 2　输入文本并设置字间距

❶选择横排文字工具，设置字体格式为"方正兰亭细黑 _GBK、14.71 点、#ff0000"，输入"食孜源"；❷打开"字符"面板，设置文字间距为"50"。

STEP 3　绘制搜索按钮与添加按钮

❶选择椭圆工具绘制圆，选择直线工具绘制线条，设置线条粗细为"3 像素"，圆的描边为"0.8 点"；❷单击"创建链接"按钮为搜索按钮与添加按钮的相关图形创建链接。

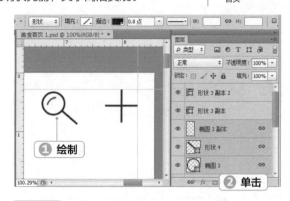

STEP 4　添加图片并绘制圆

❶添加"美食 3.jpg"图片；❷选择椭圆工具绘制圆，设置填充颜色为"#ff0000"，按【Alt】键将圆拖曳到右侧，复制 3 个圆，更改圆的填充颜色为"白色"；❸选择 4 个圆图层，单击"链接图层"按钮链接图层。

STEP 5　制作分类图标

❶选择椭圆工具绘制圆，设置填充颜色为"#f28214"，按【Alt】键将圆拖曳到右侧，复制 3 个圆；❷将两边圆移动到合适的位置，选择当前的 4 个圆图层，选择【图层】/【分布】/【水平居中】命令。

STEP 6 裁剪图片到图标中

❶添加"美食 4~7.jpg"图片，调整图片大小，并分别将其移动到对应的圆图层上方；❷在素材上单击鼠标右键，在弹出的快捷菜单中选择"创建剪切蒙版"命令。

STEP 7 输入文本

❶选择横排文字工具，设置字体格式为"方正兰亭细黑 _GBK、9.81 点、黑色"；❷完成后在圆的下方输入美食分类名称。

STEP 8 添加分类图案

❶选择椭圆工具，在文字下方绘制颜色为"#bfbfbf"的圆，选择钢笔工具绘制手形状，并填充为"白色"；❷链接圆与手形状所在的图层。

STEP 9 制作分类条

❶选择横排文字工具，设置字体格式为"方正兰亭细黑 _GBK、11 点、#f28214"，输入"美食推荐"；❷使用直线工具绘制直线，设置填充颜色为"#f7f6f6"；❸使用椭圆工具绘制圆，设置填充颜色为"#646464"。

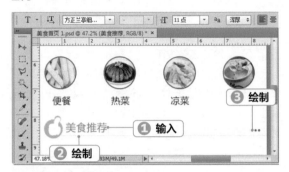

STEP 10 绘制矩形

❶选择矩形工具，绘制灰色矩形，设置填充颜色为"#eeeeee"；❷选择圆角矩形工具，在工具属性栏中设置圆角半径为"45 像素"，在灰色矩形左侧绘制圆角矩形。

STEP 11 添加并裁剪图片

❶添加"美食素材 8.jpg"图片，调整图片大小，并将其移动到圆角矩形上，再将图片素材图层移动到对应的圆图层上方；❷为图片素材图层创建剪切蒙版。

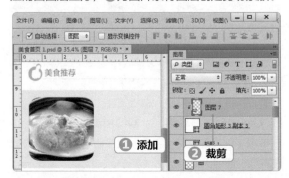

STEP 12 制作标签

❶选择钢笔工具，将填充颜色设置为"红色"，绘制标签形状；❷选择横排文字工具，输入文本，调整文本大小，按【Ctrl+T】组合键，拖曳右上角的旋转图标，旋转文本，使其适应标签形状。

STEP 13 输入段落文本

❶选择横排文字工具，输入文本，设置"蟹黄狮子头"字体格式为"方正兰亭细黑_GBK、8.58点、加粗、黑色"，设置"扬州特产五亭桥牌"字体格式为"方正兰亭细黑_GBK、7.36点、#343843"；❷拖曳鼠标绘制文本框，输入配料信息，设置字体格式为"方正兰亭细黑_GBK、6.13点、#797878"；❸设置行高为"8点"。

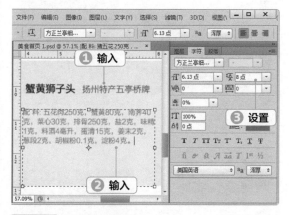

STEP 14 绘制自定图标

❶选择自定形状工具，设置填充颜色为"#c9c9c9"，在"形状"下拉列表框中选择需要的自定形状，在段落文本下方绘制"喜欢""收藏"和"评论"图标；❷选择横排文字工具，输入数据，设置字体格式为"方正兰亭细黑_GBK、6点、#c9c9c9"。

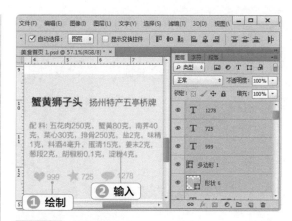

STEP 15 绘制图标

❶选择矩形工具，在页面底端绘制矩形，设置填充颜色为"#f28214"；❷选择钢笔工具，设置填充颜色为"白色"，设置绘图模式为"状"，绘制"首页""菜单""发现""分享""我的"图标；❸选择横排文字工具，输入文本，设置字体格式为"方正兰亭细黑_GBK、8.58点、白色"。

技巧秒杀

图标绘制技巧

在绘制图标时，单击"操作路径"按钮，在打开的下拉列表中可选择合并形状、减去上层形状等选项，来实现图标的快速造型。

STEP 16 新建文件

❶新建1080像素×1920像素的名为"美食首页2"文件，复制"美食首页1"文件中的页头与页尾；❷选择矩形工具绘制页头与页中的分割区域，设置填充颜色为"#eeeeee"。

STEP 17 制作分类条

❶复制"美食首页1"文件中的分类条，修改文本为"热销榜"，选择钢笔工具绘制白色火焰形状，然后编辑圆，链接圆与火焰形状；❷复制"美食首页1"文件中的分类条，修改文本为"今日特惠"，选择钢笔工具绘制箭头形状并编辑圆，链接圆与箭头形状。

STEP 18 绘制圆角矩形

选择圆角矩形工具，设置圆角半径值为"4像素"，拖曳鼠标，在图形内部绘制圆角矩形，按住【Alt】键不放拖曳圆到右侧，复制两个圆角矩形，水平居中分布3个圆角矩形。

STEP 19 将素材添加到圆角矩形中

❶添加"美食9~11.jpg"图片，调整图片大小，分别将其移动到圆角矩形上；❷将图片对应的图层移动到对应的圆角矩形图层上方，在素材图片上单击鼠标右键，在弹出的快捷菜单中选择"创建剪切蒙版"命令。

STEP 20 添加文字与素材

❶在"热销榜"栏中的图片上输入文本，设置字体格式为"方正兰亭细黑_GBK、8.58点、白色"，在"今日特惠"栏中添加"美食12~14.jpg"图片，调整图片大小，排列成两侧；❷在左边图片的下方绘制矩形，填充为"#eeeeee"，输入文本，设置字体格式为"方正兰亭细黑_GBK"，加粗名称与价格文本，调整文本颜色与字号，完成首页2的制作。

11.1.3 设计个人中心页面

微课：设计个人
中心页面

个人中心可以用于放置收藏的美食、评论、优惠券、红包等信息，方便用户进行美食的管理。本例的个人中心主要包括个人信息、收藏、消息和评论，其具体操作步骤如下。

素材：光盘 \ 素材 \ 第 11 章 \ 美食（15）.jpg

效果：光盘 \ 效果 \ 第 11 章 \ 个人中心页面 .psd

STEP 1　绘制矩形并输入文本

❶新建 1080 像素 × 1920 像素的名为"美食个人中心页面"文件，选择矩形工具，在页面顶部绘制矩形，设置填充颜色为"#f28214"；❷选择横排文字工具，设置字体格式为"方正兰亭细黑 _GBK、14.71 点、白色"，在矩形中间位置输入"我"。

STEP 2　添加素材图片

添加"美食素材 15.jpg"图片，调整图片大小，将其移动到矩形条下方。

STEP 3　模糊图片

❶选择"美食素材 15.jpg"图片所在图层，选择【滤镜】/【模糊】/【高斯模糊】命令，打开"高斯模糊"对话框，设置模糊"半径"为"120.0"；❷单击"确定"按钮。

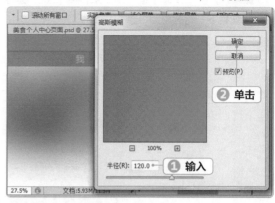

STEP 4　裁剪图片

❶使用椭圆工具绘制圆，设置描边为"1.5 点"，颜色为"白色"；❷添加"美食素材 16.jpg"图片，调整图片大小，将其移动到圆角矩形上方；❸为图片创建剪切蒙版，将其裁剪到圆中。

STEP 5　绘制圆角矩形并输入文本

❶选择圆角矩形工具，设置填充为"白色"，设置圆角半径值为"30 像素"，拖曳鼠标绘制圆角矩形；❷在"图层"面板中设置图层"不透明度"为"34%"；❸选择横排文字工具，设置字体格式为"方正兰亭细黑_GBK、白色"，在圆下方输入文本，调整文本大小。

STEP 6　绘制并分布线条

❶选择矩形框选工具，绘制高度为"150 像素"的固定选区；❷根据选区添加辅助线，形成网格；❸选择直线工具，设置填充颜色为"#bfbfbf"，设置粗细为"5 像素"，按【Shift】键绘制线条，按【Alt】键将线条移动到下一行，复制 3 条直线。

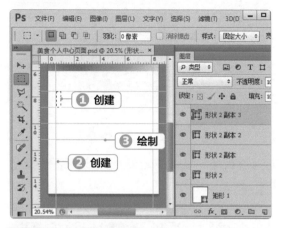

STEP 7　添加图标并输入文本

❶选择钢笔工具，将填充颜色设置为"#ffe4e2"，在每行左侧绘制图标，调整图标的位置，选择所有图标图层，选择【图层】/【对齐】/【左对齐】命令，对齐图标；❷选择横排文字工具，设置字体格式为"方正兰亭细黑 _GBK、11 点、黑色"，输入文本，并左对齐文本。

STEP 8　制作"退出登录"按钮

❶选择矩形工具，设置填充颜色为"#e5e5e5"，拖曳鼠标绘制与页面等宽的灰色矩形；❷选择横排文字工具，设置字体格式为"方正兰亭细黑 _GBK、黑色、11 点"，在矩形中间输入文本；❸在该文件中复制"首页"中的页尾部分，保存文件，完成个人中心页面的制作。

11.1.4　设计登录页面

　　用户登录 App 界面是界面设计中很重要的环节，登录界面的好坏可能直接影响用户注册和转化率。下面将根据前面的风格与颜色，制作美食 App 的登录界面，要求界面整洁舒适，其具体操作步骤如下。

微课：设计登录页面

效果：光盘 \ 效果 \ 第 11 章 \ 美食个人登录页面 .psd

STEP 1　添加阴影

❶新建 1080 像素 ×1920 像素的名为"美食个人登录页面"的图像文件，将前面制作的标志添加到该文件中，调整大小，将其移动到页面上中部；❷选择画笔工具，设置前景色为"#343843"，设置画笔硬度为"0"，设置画笔大小为"257"；❸在标志下方单击鼠标得到圆，按【Ctrl+T】组合键变换圆的高度。

STEP 2　绘制矩形

❶选择矩形工具，设置填充为"#f28214"，拖曳鼠标绘制高为"800 像素"、与页面等宽的黄色矩形；❷将填充色更改为白色，继续绘制 832 像素 ×137 像素的矩形，复制并垂直向下移动复制的矩形 ❸在"图层"面板中将两个图层的不透明度均设置为"75%"。

STEP 3　绘制图标

❶选择自定形状工具，将填充颜色设置为"白色"，绘制邮件图标；❷选择钢笔工具，将填充颜色设置为"白色"，绘制锁图标。

STEP 4　制作登录按钮

❶在账号框后面绘制白色三角形；❷在密码框右下角输入"记住密码"文本，字号为"10.16 点"，选择自定形状工具，绘制"选中复选框"形状；❸选择圆角矩形工具，绘制像素大小为"832×137"、圆角半径为"30 像素"的白色圆角矩形；❹输入"登录"文本，设置字体格式为"方正兰亭细黑 _GBK、14.7 点、#f28214"；❺在右下角输入"立即注册"文本，设置字号为"10.16 点"，在"字符"面板中单击"添加下划线"按钮添加下划线。

STEP 5　添加素材图片

❶选择横排文字工具，设置字体格式为"方正兰亭细黑 _GBK、11 点、黑色"，在页面中部输入文本；❷选择直线工具，设置填充颜色为"#f28214"，在文本两边绘制粗细为"5 像素"的线条；❸使用钢笔工具绘制图标，并分别填充 QQ、微信和支付宝图标的颜色为"#2598ce、#2bbf39、#ff0200"。

11.2 制作商品详情页

买家在淘宝首页搜索并浏览商品的主图时，一般会直接进入商品详情页，据统计约 99% 的消费者是在查看详情页后生成订单的，其好坏直接决定了该笔订单是否生成。由此可见，商品详情页在店铺设计中至关重要，只有做好详情页，才能进一步提高成交量与转化率。下面将对详情页中常见模块的设计方法进行介绍。

11.2.1 设计店标

店标是指店铺的标志，不同于店铺 Logo，店标一般有标准的尺寸，通常显示在店铺的左上角或首页搜索店铺列表页等地方。下面将制作女包店铺的店标。由于店铺经营时尚小包，在制作店标时，将应用绚丽的色彩，并绘制人物形状，进行旋转制作标志图案，其具体操作步骤如下。

微课：设计店标

效果：光盘 \ 效果 \ 第 11 章 \ 女包店标 .psd

STEP 1　绘制包形状

❶新建大小为 80 像素 ×80 像素，分辨率为 72 像素，名为"女包店标"的图像文件，选择钢笔工具，设置绘图模式为"形状"；❷设置填充颜色为"#c1196a"；❸在图像中绘制一个类似包的形状。

STEP 2　渐变填充形状

❶选择渐变填充工具；❷设置填充为"#99226f"到"#c1196a"；❸选择【图层】/【栅格化图层】命令，将形状图层转化为普通图层；❹按【Alt】键单击图层缩略图，从下向上拖曳鼠标，创建渐变填充。

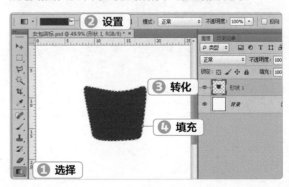

STEP 3 绘制包带

❶选择钢笔工具，设置绘图模式为"形状"；❷设置描边颜色为"#99226f"，描边粗细为"0.5 点"；❸在图像中绘制一个类似包带的形状。

STEP 4 绘制包带装饰

❶继续选择钢笔工具，设置绘图模式为"形状"；❷取消描边，设置填充颜色为"白色"；❸在包的内部绘制一个类似包带的形状，然后绘制带孔形状。

STEP 5 添加投影

❶双击白色包带图层，打开"图层样式"对话框，选中"投影"复选框，为其添加默认的投影样式；❷按【Alt】键，将图层右侧的图层样式图标拖曳到包袋孔图层上，将图层样式复制到该图层。

STEP 6 输入文本

❶选择横排文字工具，设置文本格式为"微软雅黑、6pt、#c1196a"，在右上角输入"TM"；❷设置字体格式为"百度综艺简体、13.6 点"，在包的下方输入"尚美女包"；❸设置字体格式为"Arial、7.46点"，在文字的下方输入"FASHIONBAGS"。

STEP 7 为文本添加渐变叠加

❶双击"尚美女包"文字图层，打开"图层样式"对话框，单击选中"渐变叠加"复选框；❷设置渐变颜色为"#99226f"到"#c1196a"；❸设置渐变角度为"0"度；❹单击"确定"按钮；❺按【Alt】键，将图层右侧的图层样式图标拖曳到"FASHIONBAGS"图层上，将渐变叠加图层样式复制到该图层，完成制作。

11.2.2 | 设计淘宝海报

　　详情页的海报一般位于商品基础信息的下方，由商品、主题与卖点三部分组成，目的在于吸引消费者购买该产品。下面设计女包详情页的淘宝海报，在设计时，设计者需要从商品的形状进行构图，以商品的颜色来搭配背景的颜色，并从百搭的角度打动消费者，其具体操作步骤如下。

微课：设计淘宝
海报

| 素材：光盘＼素材＼第 11 章＼女包素材 .jpg |
| 效果：光盘＼效果＼第 11 章＼女包海报 .jpg |

STEP 1　径向渐变填充背景

❶新建大小为 750 像素 ×600 像素，分辨率为 72 像素，名为"女包海报"的图像文件，根据页面布局规划，在"图层"面板中创建图层组；❷绘制页面大小的矩形，选择渐变填充工具，在工具属性栏中设置"白到灰"的渐变；❸单击"径向渐变"按钮；❹从图像中心向外拖曳鼠标，创建渐变填充效果。

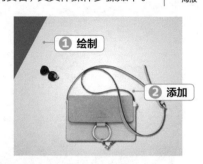

STEP 3　输入说明文字

❶设置前景色为黑色，选择横排文字工具，设置字体样式为"方正小标宋简体、加黑、倾斜、#9c9a9b"，输入"FASHION"，调整文本大小与位置；❷设置字体样式为"方正小标宋简体、加黑、黑色"，输入"时尚百搭小包"，调整位置与大小，❸设置文本样式为"微软雅黑、加黑"，输入第 3 排文本。

STEP 2　添加素材并添加投影

❶设置前景色为"#485a72"，选择多边形套索工具，在左上角绘制三角形选区，按【Alt+Delete】组合键为三角形选区填充前景色；❷打开"女包素材 .psd"文件，将其中的包和眼镜素材拖曳到当前文件中，调整素材的位置和大小，为包所在的图层添加默认的投影图层样式。

11.2.3 | 设计商品详情介绍

　　商品详情页不仅能向消费者展示商品的规格、颜色、细节、材质等具体信息，还能向消费者展示宝贝的优势，消费者是否喜欢该商品，常取决于店铺详情页是否能深入人心，能否打动消费者。下面将制作女包详情页的建议搭配、商品亮点分析、商品参数、实物对比参照拍摄、商品全方位展示和商品细节展示板块。

微课：设计商品
详情介绍

| 素材：光盘＼素材＼第 11 章＼女包素材 .jpg |
| 效果：光盘＼效果＼第 11 章＼女包详情页 .jpg |

STEP 1　制作渐变条

❶将背景色设置为"白色"，使用裁剪工具向下拖曳画布，拓展画布，选择直线工具，设置直线粗细为"2 像素"，填充颜色为"#626262"，按【Shift】键绘制横向直线；❷继续在工具属性栏中设置线条粗细为"1.5 像素"，填充颜色为"#cdcdcd"，按【Shift】键绘制竖向直线。

STEP 2　输入文本

❶选择横排文字工具，设置文本格式为"方正小标宋简体、24点、平滑"，在线条上方输入"FEMALE BAG"；❷使用相同的方法输入其他文本，更改字体样式为"微软雅黑"，调整文本大小与颜色；❸在线条右下角绘制圆与箭头的组合图形。

STEP 3　添加素材

打开"详情页素材.psd"文件，将其中的相关素材拖曳到当前文件中，调整素材的位置和大小。

技巧秒杀

搭配展示作用

通过搭配展示可以为消费者提供专业的搭配意见。此外，搭配展示还可以让买家一次性购买更多的商品，提升店铺销售业绩，提高店铺购买转化率。

STEP 4　输入文本

❶设置前景色为"黑色"，选择横排文字工具，设置文字样式为"方正宋一简体、加黑"，在项链上方输入文本；❷在鞋子右上角输入文本，调整文本颜色、大小与位置。

STEP 5　更改分类条文本并添加素材

❶将背景色设置为"白色"，使用裁剪工具向下拖曳画布，拓展画布，复制分类条，更改为"商品亮点"；❷将"详情页素材.psd"文件中的3张模特图拖曳到当前文件中，调整素材的位置和大小，并统一大小与间距。

STEP 6　制作亮点1

❶在右图上方绘制矩形，填充颜色为"#f6f6f6"；❷输入文本，设置字体格式为"微软雅黑"，调整文本大小与位置，制作亮点1"时尚新宠"。

PART 11

STEP 7 制作亮点 2

①在上方绘制矩形，填充颜色为"#f6f6f6"；②将"详情页素材 .psd"文件中肩带较长的包拖曳到当前文件中，使用画笔工具添加投影效果；③在其左上角输入亮点 2 的文本，并设置字体为"微软雅黑"，调整文本大小与位置。

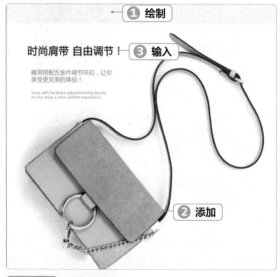

STEP 8 制作亮点 3

①在上方绘制矩形，填充颜色为"#f6f6f6"；②将"女包素材 .psd"文件中能看见包内部结构的素材拖曳到当前文件中，继续将物品文件拖曳到包的上层，移动到包口位置，调整素材的大小与位置，使用画笔工具添加投影效果；③在其左上角输入亮点 3 的文本，注意与亮点 1 统一字体与字号。

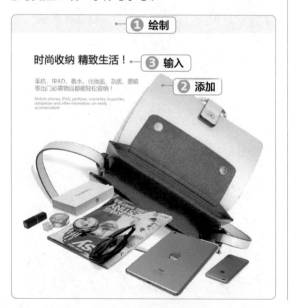

STEP 9 绘制矩形

①将背景色设置为"白色"，使用裁剪工具向下拖曳画布，拓展画布，复制分类条，更改为"商品参数"；②选择矩形工具，绘制高度为"250 像素"的矩形，填充颜色为"#bebdbd"。

STEP 10 输入与编辑段落文本

①选择横排文字工具，在工具属性栏中设置字体样式为"微软雅黑、14、白色"，拖曳鼠标绘制文本框，输入参数文本；②加粗冒号前面的文本；③在工具属性栏中单击"打开字符与段落面板"按钮，设置行间距为"24 点"。

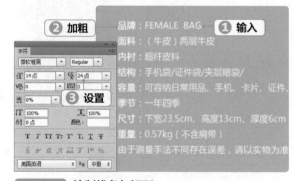

STEP 11 绘制线条与矩形

①在段落文本右侧绘制白色线条分隔文字；②继续输入其他参数，并设置英文字体为"Times New Roman"；③在参数下方绘制黑色和灰色矩形，其中灰色矩形表示选中的选项。

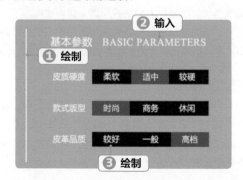

STEP 12 添加素材

❶拓展画布，复制分类条，将其更改为"实物对比参照拍摄"；❷将"女包素材.psd"中的实物对比参照拍摄图拖曳到当前文件中，调整素材的位置和大小。

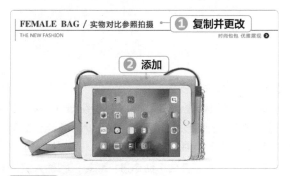

STEP 13 添加尺寸

❶创建辅助线，选择直线工具，在工具属性栏中设置填充颜色为"黑色"，粗细为"1像素"，取消描边，按住【Shift】键拖曳鼠标绘制标注线；❷选择横排文字工具，在工具属性栏中设置字体样式为"黑体、15、黑色"，输入标注文本。

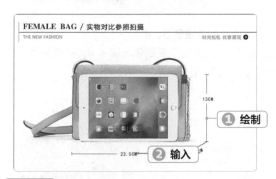

STEP 14 输入文本

❶拓展画布，选择横排文字工具，设置字体样式为"方正兰亭中黑_GBK"，在页面上方输入文本，调整字体大小；❷选择直线工具，设置描边颜色为"#aba9ac"，粗细为"2.65点"，描边样式为"虚线"；❸按住【Shift】键拖曳鼠标绘制虚线装饰文本。

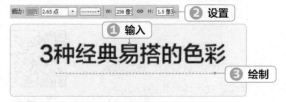

STEP 15 绘制圆并添加素材

❶选择椭圆工具，按住【Shift】键绘制3个大小相同的圆，分别填充颜色为"#aba9ac""#111114"

"#e67a33"；❷将"详情页素材.psd"文件中的3种颜色和摆放角度相同的包素材添加到文件中，调整位置，并统一包的大小；❸选择画笔工具，调整画笔样式为"柔边圆"，新建图层，在包的底层绘制投影；❹设置字体格式为"微软雅黑、20点"，在包下方输入与颜色相关的文本。

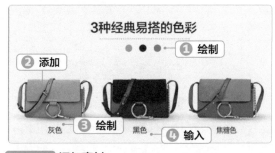

STEP 16 添加素材

❶拓展画布，复制分类条，将名称更改为"商品全方位展示"；❷添加"女包素材.psd"文件中的全面方位展示图，竖向排列包素材；❸选择画笔工具，调整画笔样式为"柔边圆"，新建图层，在包的底层绘制投影。

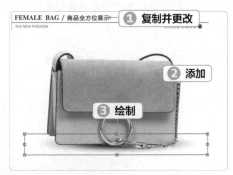

STEP 17 编辑展示说明

❶横排文字工具，设置字体样式为"微软雅黑、20点、#444343"，输入展示角度的文本；❷选择直线工具，设置描边颜色为"#aba9ac"，粗细为"2.65点"，描边样式为"虚线"，按住【Shif】键在文本左右两侧拖曳鼠标，绘制虚线装饰文本，使用相同的方法制作其他展示图的投影、文本与虚线。

侧面展示
SIDE PRESENTATION

背面展示
BACK DISPLAY

STEP 18　制作细节图 1

❶拓展画布，复制分类条，更改为"商品细节展示"；❷使用钢笔工具在左上角绘制黑色箭头图标，❸将"详情页素材 .psd"文件中的细节图拖曳到右侧，调整素材的位置和大小。

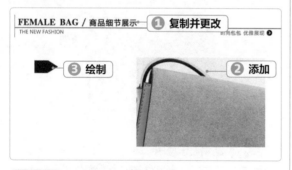

STEP 19　添加细节 1 说明文本

选择横排文字工具，输入面料的说明信息，调整文本的大小与颜色，突出重点信息"牛皮面料"，设置数字"01"的字体为"Impact"，其他文本的字体为"微软雅黑"。

STEP 20　制作细节 2

❶将"详情页素材 .psd"文件中的缝纫细节图移至左侧，与第 1 张图形成对角；❷按【Ctrl+J】组合键复制箭头，按【Ctrl+T】组合键变换，选择【编辑】/【变换】/【水平翻转】命令进行翻转；❸输入缝线相关的信息，注意统一页边距、文本与图片的距离。

STEP 21　制作细节 3、4

使用相同的方法制作细节 3 与细节 4，保存文件，完成商品详情页的制作。

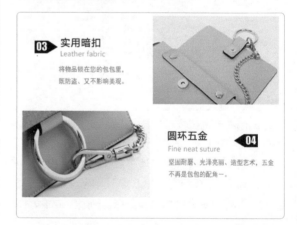

11.2.4　切片与输出

　　完成商品详情页的制作后，若需要将其装饰到店铺中，并提高网页的加载速度，就需要将完整的网页图像分割成适合店铺图像格式的多个小图像。下面对制作的女包详情页进行切片，并将切片后的效果储存为 Web 所用格式，其具体操作步骤如下。

微课：切片与输出

效果: 光盘 \ 效果 \ 第 11 章 \ 女包详情页 .psd、
女包详情页 .html、images\

STEP 1 添加参考线

选择【视图】/【标尺】命令，或按【Ctrl+R】组合
键打开标尺，从左侧和顶端拖曳参考线，设置切片区
域，此处为分类条和各分类区域创建参考线。

STEP 2 基于参考线切片

❶在工具箱中的裁剪工具上按住鼠标左键不放，在打
开的工具组中选择切片工具；❷拖曳鼠标绘制切片框，
此处在选项栏中单击"基于参考线的切片"按钮。

STEP 3 存储为 Web 所用格式

❶选择【文件】/【存储为 Web 所用格式】命令，打

开"存储为 Web 所用格式"对话框，单击选择切片
按钮；❷将切片的文件格式设置为"JPEG"，继续
设置其他切片的格式 ❸设置完成后单击"存储"按钮。

STEP 4 输出切片

❶打开"将优化结果储存为"对话框，选择保存格式
为"HTML 和图像"；❷设置保存位置与保存名称；
❸单击"保存"按钮。

边学边做

1. 设计手机 UI

　　手机 UI 设计是对手机界面的整体设计。视觉效果良好，且具有良好体验的手机界面，无疑更能赢得
消费者的青睐。手机 UI 设计是包括字体、颜色、布局、形状、动画等元素的设计与组合。下面设计一个
手机 UI 界面，主要包括锁屏界面、应用界面与音乐播放界面的设计。

提示如下。

🔹 打开素材并添加背景，添加手机壁纸并进行编辑，然后在其中绘制锁屏界面的图标，最后输入相关文字。

🔹 按【Ctrl+J】组合键复制"锁屏界面"图层组，更改复制图层组的名称为"应用界面"，展开图层组，删除多余的图层内容，只保留手机、壁纸与壁纸顶端的图层与文本。

🔹 先对背景进行高斯模糊，然后使用画笔工具绘制不同大小的圆形光斑，再对光斑进行模糊处理，设置不透明度。使其形成若有若无的梦幻壁纸，并且不影响应用图标的显示。

🔹 绘制相同大小与相同角度的圆角矩形，统一界面中的图标风格，并用不同的图标颜色，提高界面色彩的丰富性，增强界面的美感。

🔹 复制"锁屏界面"图层组，更改组名为"音乐播放界面"，删除"音乐播放界面"多余的图层，将其移动到画布右侧的空白处，将"手机壁纸2.jpg"素材文件添加到图像中，将图层移动到手机屏幕上方，调整大小使其覆盖手机屏幕，调整图片颜色，并在其上添加模糊效果。完成后制作色调、风格与前面一致的播放音乐界面。

2. 制作网页界面效果图

制作一个电子商务网站的"产品展示"页面和"在线采购"页面。要求进行网页页面布局前需要确定色彩的主色调，其中主色调为黑色和橙色，橙色主要体现在图片上，黑色主要体现在文字上。

提示如下。

🔹 新建一个980像素×800像素、背景为白色的文档，通过添加素材和绘制矩形并填充颜色的方法来制作产品展示页面，最后对其进行切片处理。

🔹 打开"产品展示.psd"文档，将其另存为"在线采购.psd"，在"图层"面板中删除new图层组和pic图层组的图层副本，继续通过添加素材并调整相关的位置，添加需要的文本素材等方法来制作在线采购页面。

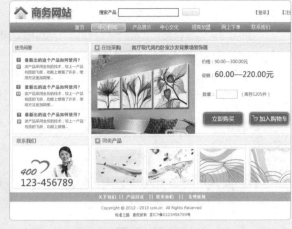

高手竞技场

1. 制作无线端棉袜的详情页

利用搜集的素材制作无线端棉袜的详情页，要求如下。

🔷 根据棉袜的风格，采用白色和深绿色作为店铺的主色调，符合袜子小清新的味道。

🔷 对面料、生产工艺、细节亮点进行详细描述，促进客户消费。

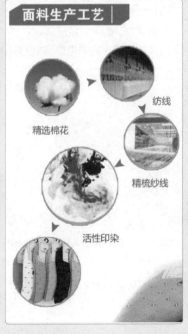

2. 制作"好佳具"网页

使用提供的素材图片，制作"好佳具"网页的效果图，要求如下。

- 创建文件，根据需要创建参考线。
- 使用矩形工具和圆角矩形工具制作各版块的外观。
- 添加文本与图片，完成"好佳具"网页的布局设计。

3. 合成科幻电影海报

通过图层和文字的基本使用方法制作一张电影海报，要求如下。

- 新建文件，打开"小熊 .jpg""眼睛 .jpg"图像，合成背景。
- 输入文字，并设置文本格式，调整文字位置，完成电影海报的制作。

PART 11